A⁺思维训练营

3级

[英]卡尔顿编辑部 编 罗密 译

世界图书出版公司
上海·西安·北京·广州

图书在版编目（CIP）数据

A⁺思维训练营.3级/英国卡尔顿编辑部编；罗密译.—上海：上海世界图书出版公司，2010.5
ISBN 978-7-5100-1944-9

Ⅰ.①A… Ⅱ.①英…②罗… Ⅲ.①思维方法—训练 Ⅳ.①B804

中国版本图书馆CIP数据核字(2010)第053211号

Copyright © 2008 Carlton Books Limited under the title BRAIN TRAINING PUZZLES.
Simplified Chinese edition published by arrangement with Shuyi Publishing.

A⁺思维训练营：3级

[英]卡尔顿编辑部 编 罗密 译

上海世界图书出版公司 出版发行
上海市广中路88号
邮政编码 200083
昆山市亭林印刷有限责任公司印刷
如发现印刷质量问题，请与印刷厂联系
（质检科电话：0512-5775-1097）
各地新华书店经销

开本：787×1092 1/32 印张：5.5 字数：60 000
2010年5月第1版 2010年5月第1次印刷
印数：1—8000
ISBN 978-7-5100-1944-9/G·144
图字：09-2010-095号
定价：19.00元

http://www.wpcsh.com.cn
http://www.wpcsh.com

目 录
Contents

序言 ………………………… 4

谜题 ………………………… 6

答案 ………………………… 156

序 言

欢迎进入A$^+$思维训练营。

你会打开这本书,可能是因为你不想再浪费更多的脑细胞,或者因为你觉得自己的脑子有老化的趋势,更可能是因为你的记忆力已经大不如从前了。当然,你选择本书也可能仅仅是因为喜欢益智游戏。无论你基于何种理由选择了本书,好消息就是——只要你能解答出很多题目,那你的大脑一定可以得到锻炼。大脑同身体一样,需要坚持不懈地锻炼,才能保持健康。

但是,请切记——关注大脑不像维护汽车电瓶,只需加满水就足够了,对大脑你不仅仅需要锻炼,还要保持充足的睡眠,不要给自己过多的压力,还要注意饮食。也许这些建议出现在一本益智类图书上有些奇怪,但是如果你真的关心你的大脑,你就会关注所有与此有关的事情——当然,不要忘了从中享受快乐!

让我们回过头来看本书中的益智游戏。书中涉及了许多不同的游戏类型,你可以随意地挑选来做。最好的方法就是每天做上几道题,持之以恒。如果你在对付某道题时被卡住了的话,没关系,跳过它做另外一题;也许等你回头再来做时,你会发现那道让你头痛了几个小时的题原来并不难。

不要放弃,玩得开心,最重要的是尽情享受!

拼图

下列五张小图中只有一张可以嵌入大图中的空白处——其他的图都经过稍许改动。你可以准确地找出缺少的那块吗?

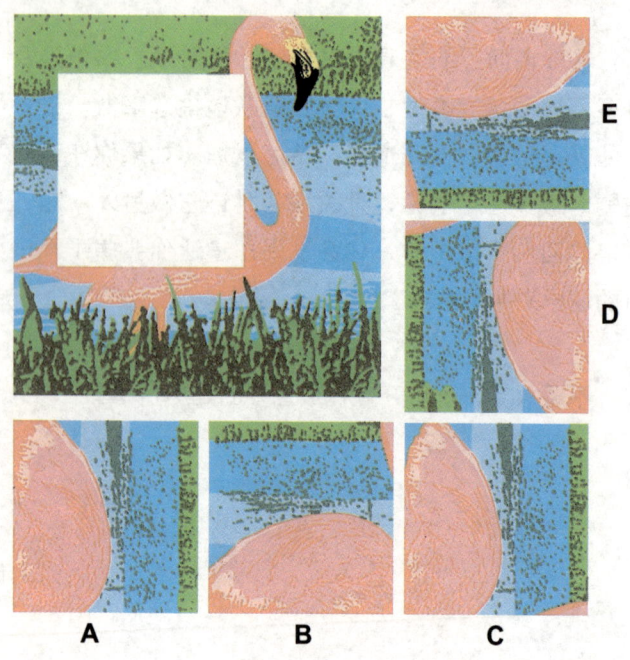

答案参见第156页。

方块游戏

玩方块游戏的时候,每个玩家依次将相邻的两个点连成一根线。如果某个玩家搭成了一个方块,那么他既可赢得这个方块,还可以再来一次。在下面这个游戏中,现在轮到你出手了。为了避免对手赢走很多方块,你该怎么办呢?

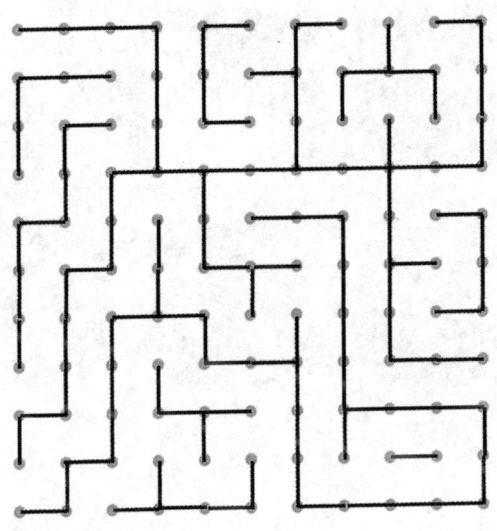

答案参见第156页。

折折剪剪

经图示一系列折叠和裁剪可以得出下列哪个图形?

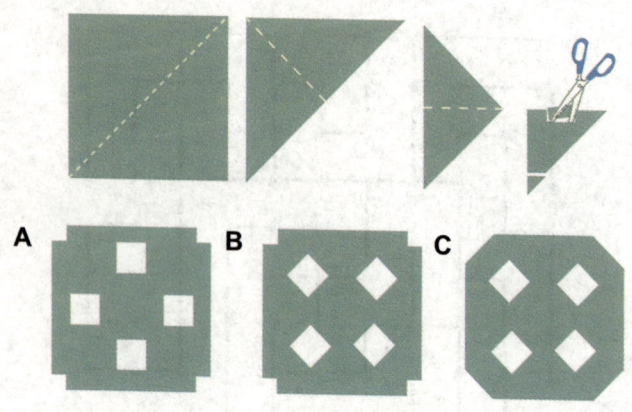

答案参见第156页。

骰子迷宫

下列骰子中,每种颜色代表了不同的方向——上、下、左、右。从方阵的中间点开始,正确地按照指示,依次经过所有的骰子一次。请问最后经过的骰子是哪个?

答案参见第156页。

顺序

按照以下序列的逻辑顺序,你可以推断出下一个数字的大小和颜色吗?

1 2 1 2 1 1 1 ?

答案参见第156页。

神奇的正方形

下面的正方形应包含九个连续的数字,请在空格处填入恰当的数字,使每行、每列及每条长对角线上的数字之和相同。

答案参见第156页。

数独

请沿着下面的网格画一根线穿过所有的圆圈，将它们连接起来。该线必须从每个方格边线的中央进出。

黑色圆圈：线在该方格中向左或向右转，并笔直穿过前、后相邻的两个方格。

白色圆圈：线笔直穿过该方格，并在后面和（或）前面相邻的方格转弯。

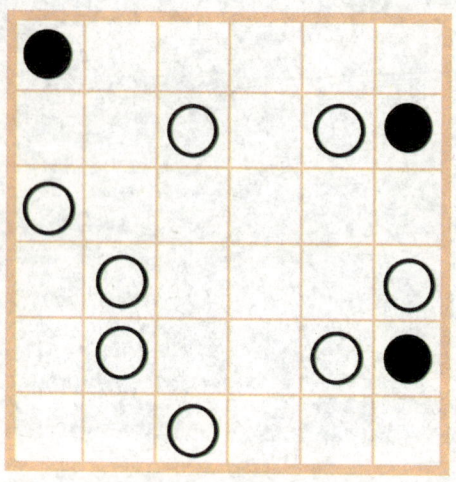

答案参见第156页。

矩阵

下面图形组合的空白处应嵌入右侧线框中的哪个图形?

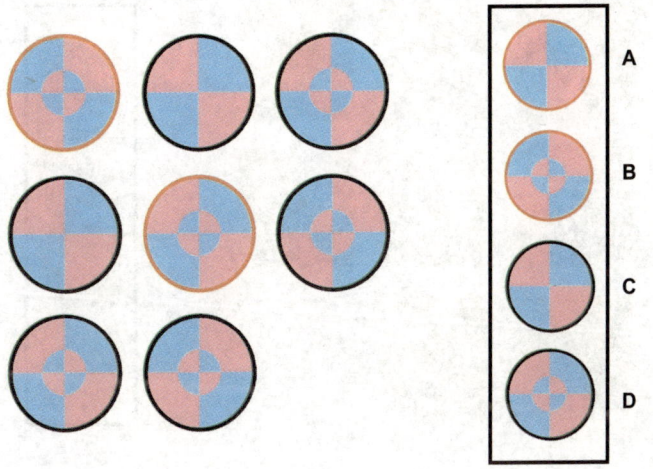

答案参见第157页。

矩阵

下面图形组合的空白处应嵌入右侧线框中的哪个图形?

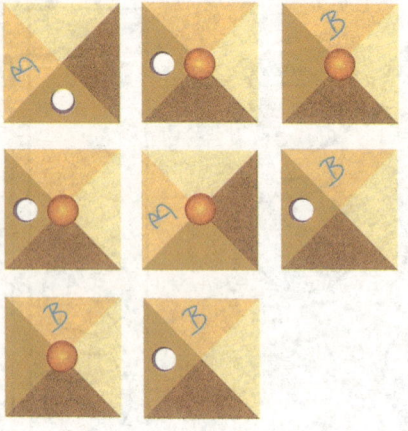
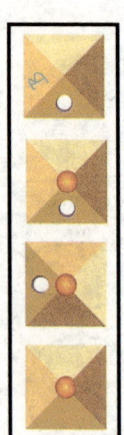

答案参见第157页。

找出不同的

下面哪个图形与其他的图形都不相同?

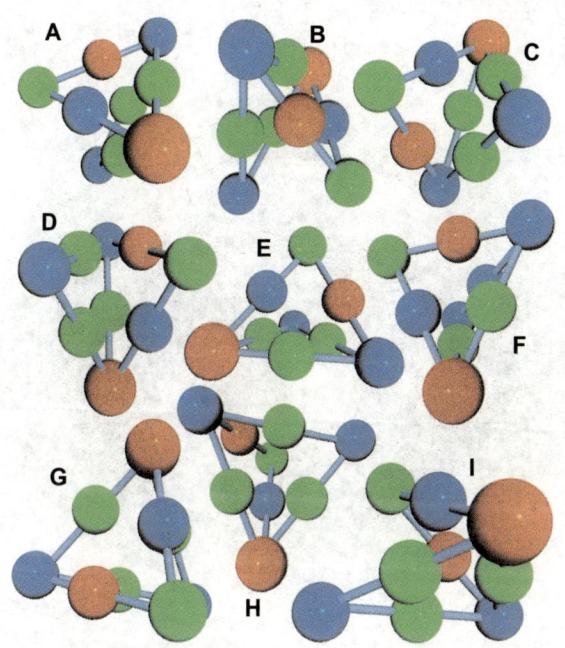

答案参见第157页。

猜谜

小猫凯蒂跌落到一个深十二米的枯井中。它每次可以跳三米高,但是每次着壁后会再往下滑二米。请问凯蒂要离开这个井总共要跳多少跳?

答案参见第158页。

找布景

以下四个小方格中的图片都可以在上方的网格图中找到——你可以把它们找出来吗?小心哦,小方格的方向不一定和大图一致。

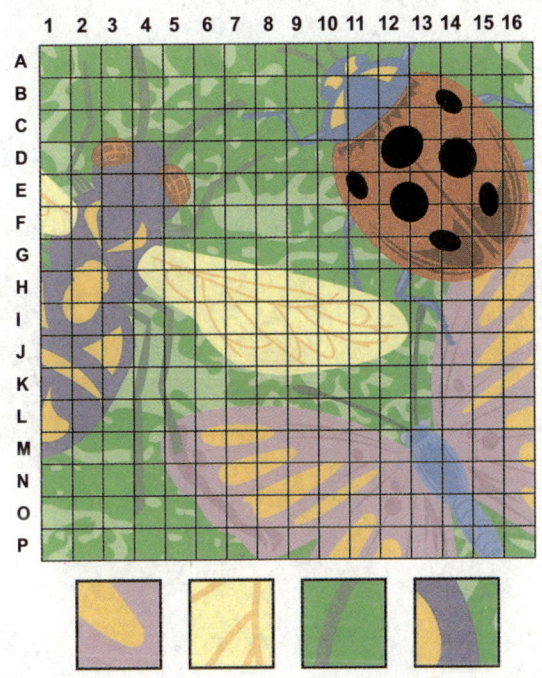

答案参见第158页。

猜数字

位于英格兰博内茅斯的海景酒店,在一个星期中早餐总共消耗了351杯果汁。其中有203杯橙汁,31杯柚子汁,39杯芒果汁,以及78杯苹果汁。你可以计算出饮用柑橘类果汁和饮用非柑橘类果汁的客人的比例吗?

答案参见第158页。

称重

下图中彩色的小球分别代表数字1、2、3、4、5。你可以推算出它们各自所代表的数字,然后算出最后一个天平的托盘上应该放多少只黄球才能使天平两边平衡?

答案参见第158页。

数独

完成下列方阵，使所有的行、列以及每个粗线框标识的正方形都包含数字1、2、3、4、5、6、7、8、9。

	2	1		4				
	5	1		9		7	3	8
7				6		2		
					1		4	5
3				8		9		1
1		4	7					
				4		8		7
4		6	8		2	1	9	
	3					5		

答案参见第158页。

头像算术

计算以下每个头像所代表的数字，然后找出正确的数字替代问号。

12　12　19　11

帐篷和树

每棵树 🌲 的横向或纵向相邻的格子有一顶帐篷 ⛺。任意两顶帐篷不能出现在相邻的格子中（包括对角线）。右侧和底部的数字代表了该行或该列内帐篷的数量。你可以确定所有帐篷的位置吗？

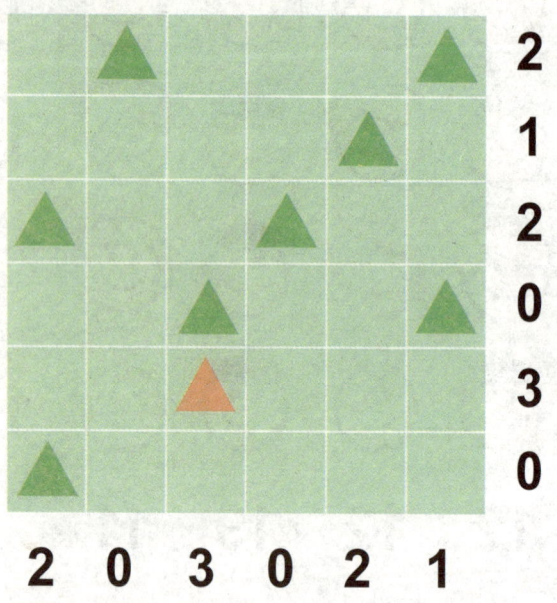

答案参见第158页。

路标

你能够破译下列城市与旁边代表通向该城市距离的数字之间的逻辑关系,并推算出通往华盛顿的距离吗?

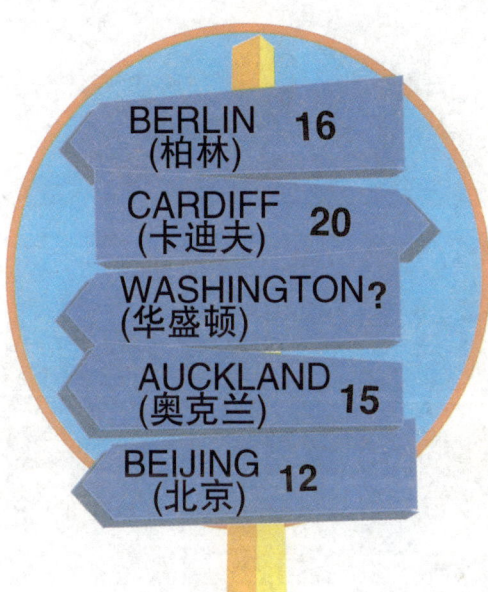

答案参见第159页。

俯视图

下面六幅俯视图中,只有一幅是上方图景的真实描绘——你可以看出来是哪幅吗?

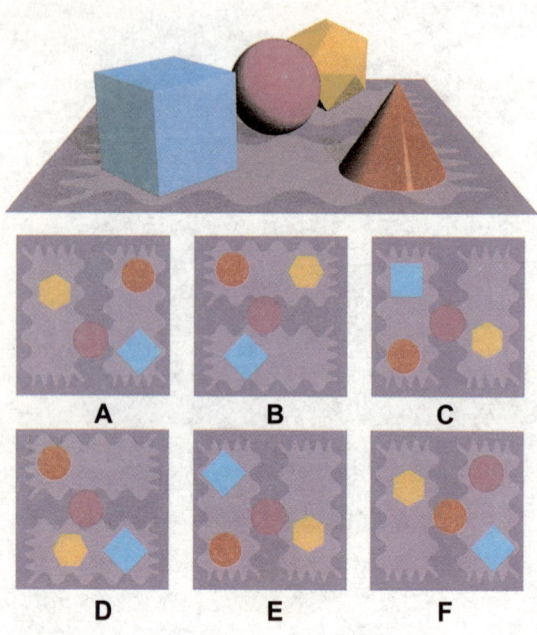

答案参见第159页。

方块派对

假设从这个角度看不见的方块全部都在,那么这个6 x 6 x 6的立方体中总共移去了多少块方块?

答案参见第159页。

配对

下列图形中只有两个完全一样。你可以找出来吗?

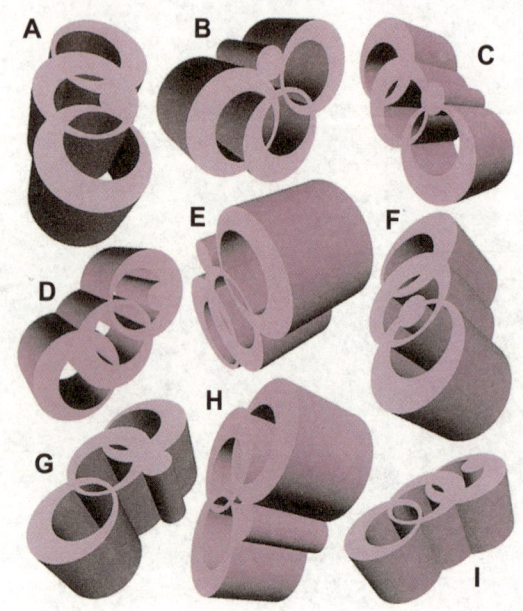

答案参见第159页。

彩色迷宫

寻找路径从一个白色方格穿越迷宫至另一个白色方格。只可以从蓝色到红色，红色到黄色，黄色到紫色，或者紫色到蓝色，不能走斜线，只能走直线。

答案参见第159页。

立方体之路

你可以破解下面立方体的颜色密码,然后从一个黄色方块走到另一个黄色方块吗?蓝色箭头表示哪个方向为向上……

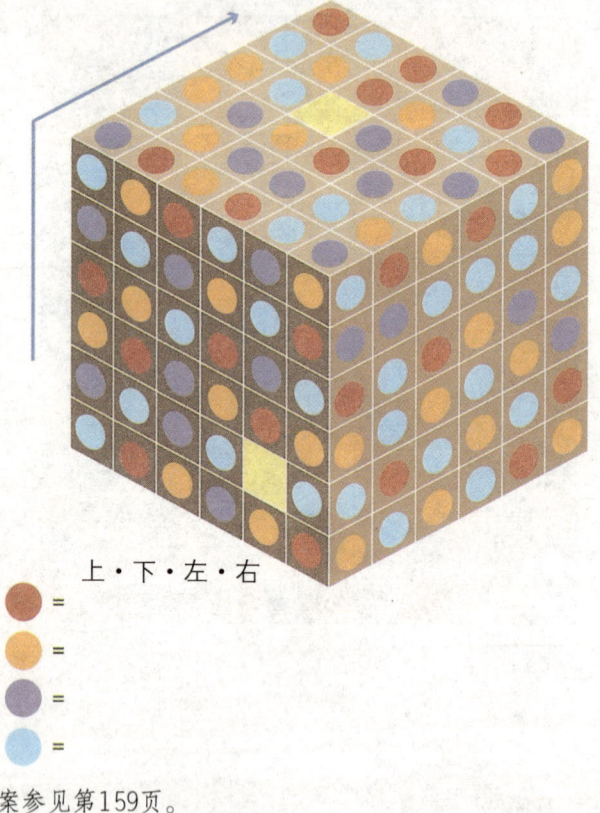

上 · 下 · 左 · 右

- 🔴 =
- 🟠 =
- 🟣 =
- 🔵 =

答案参见第159页。

成双对

以下所有的形状除了一个以外,都出现过两次,你能找出那个成单的吗?

答案参见第159页。

画图

下列两个网格图合并之后,将形成一幅新的图画……是什么?

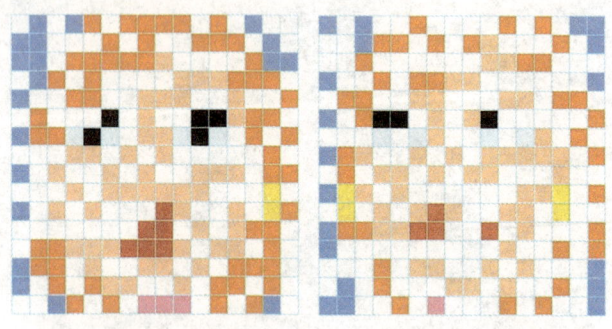

答案参见第159页。

找颜色

下列四个截图中有三张都可以在上方的大图中找到，只有一张不属于大图。你可以找到那张吗？注意，截图的方向并不一定与大图一致。

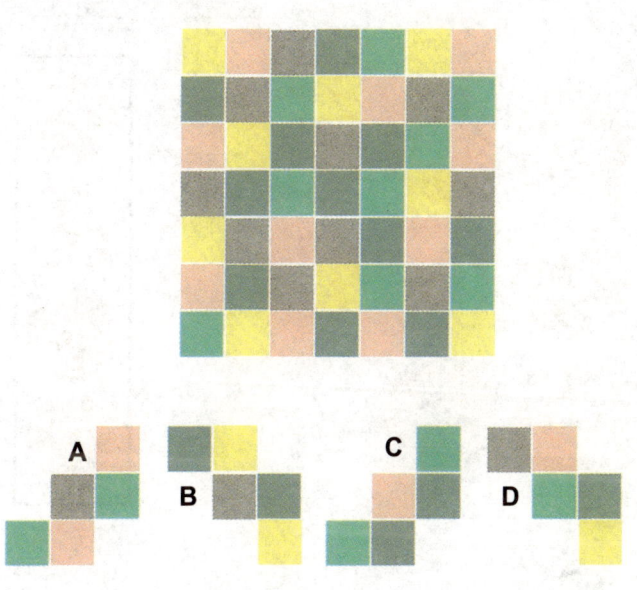

答案参见第160页。

矩阵

下面图形组合的空白处应嵌入右侧线框中的哪个图形?

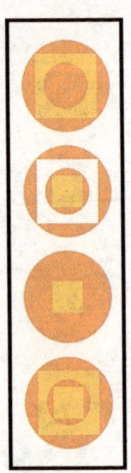

答案参见第160页。

迷你点阵图

下图每行、每列中的数字代表了黑色小方格以及相邻的黑色方格组合。给所有的黑色方格上色后，将会出现一组六个数字的组合。

答案参见第160页。

比大小

下面的箭头表示了相邻两个方格内的数字之间的大小关系。请在空格内填上恰当的数字,使所有的行、列都包含数字1到5。

答案参见第160页。

今日补丁

将右侧的图形放入左侧的网格图中,让每行、每列都没有颜色重复。注意,这个图形的方向可能需要变换。

答案参见第160页。

百分比

下面的网格图中蓝色所占的百分比是多少?黄色又占多少?

答案参见第160页。

猜谜

露西在森林里碰到一头猪和一只羊,问它们当天是星期几,已知猪总是在星期一、星期二和星期三撒谎,羊在星期四、星期五、星期六撒谎。她首先问猪,猪回答说:"喔,昨天是我的撒谎日。"然后她问羊,羊说"昨天也是我的撒谎日"……究竟那天应该是星期几呢?

答案参见第160页。

找布景

以下四个小方格中的图片都可以在上方的网格图中找到——你可以把它们找出来吗？小心哦，两者的方向不一定相同！

答案参见第161页。

对称

下图待完成后，是沿着中间的竖线两边对称的。请给需要的方格上色，然后辨识图形。

答案参见第161页。

俯视图

下面六幅俯视图中,只有一幅是上方图景的真实描绘——你可以看出来是哪幅吗?

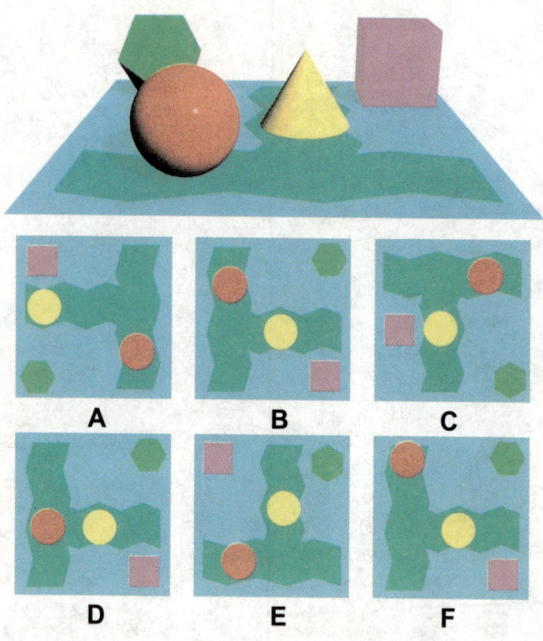

答案参见第161页。

装箱

每个图形的值等于它的边数和内部数字相乘之积。如一个内含数字4的正方形，其值即为16。请勾画出大小为两个方格宽、两个方格高的一块区域，其总值正好为50。

答案参见第161页。

方块游戏

玩方块游戏的时候,每个玩家依次将相邻的两个点连成一根线。如果某个玩家搭成了一个方块,那么他既可赢得这个方块,还可以再来一次。在下面这个游戏中,现在轮到你出手了。为了避免给对手赢走很多方块,你该怎么办呢?

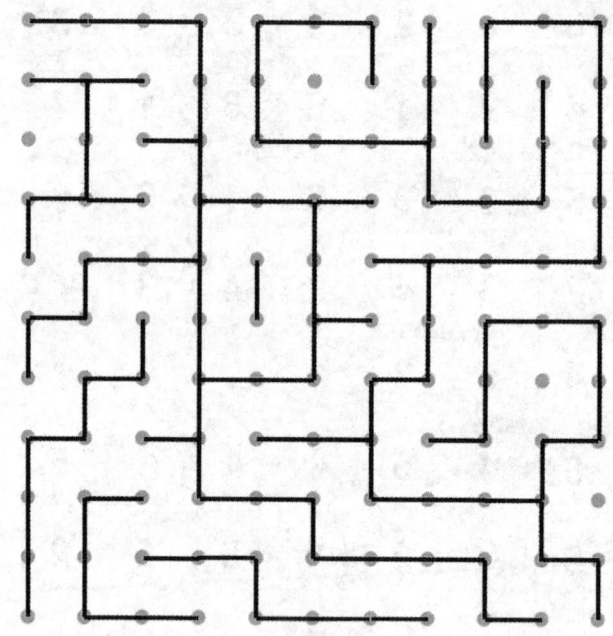

答案参见第161页。

树和帐篷

每棵树 ▲ 的横向或纵向相邻的格子有一顶帐篷 ▲。任意两顶帐篷不能出现在相邻的格子中（包括对角线）。右侧和底部的数字代表了该行或该列内帐篷的数量。你可以确定所有帐篷的位置吗？

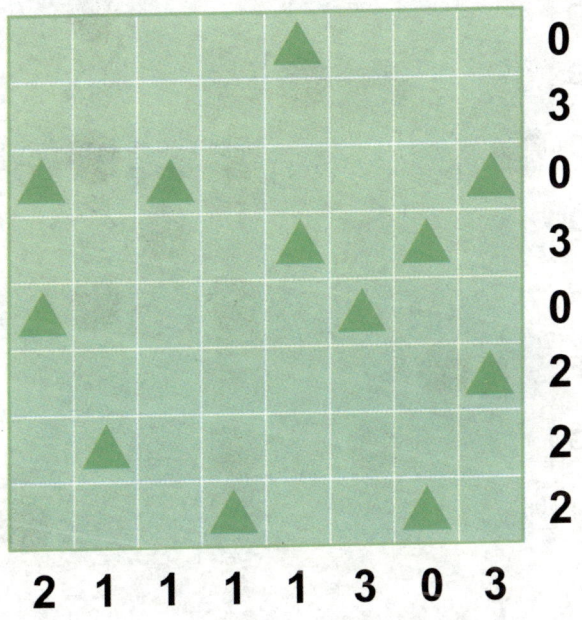

答案参见第161页。

跳棋大战

跳动一次白棋，使棋盘上只剩下八粒黑棋，并且都不在同一行或同一列。

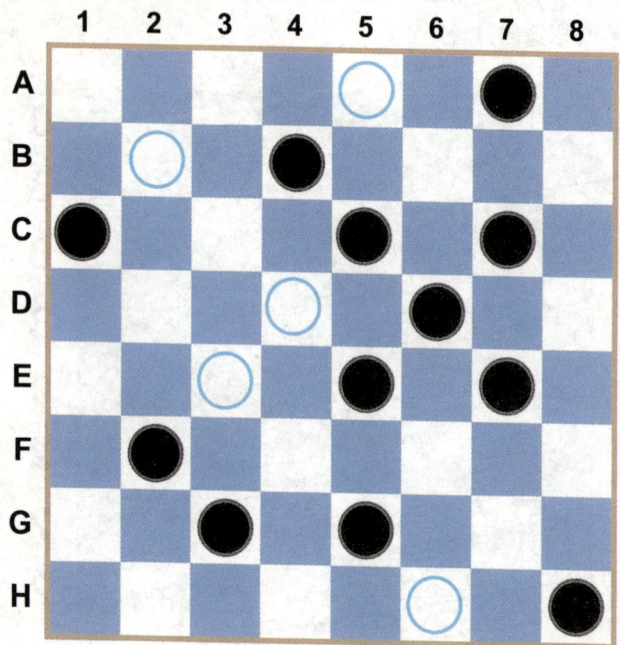

答案参见第161页。

骰子之谜

下图中缺少的数字应该是多少?

答案参见第161页。

寻找

序列23224在下列方阵中出现过一次,从下往上、从上往下、从前往后、从后往前,或者顺着对角线看。你找到了吗?

4	2	2	3	4	4	4	4	3	4	4	4
4	4	3	4	2	2	2	2	2	2	2	2
2	3	2	3	3	3	2	4	3	3	3	
3	2	3	2	3	2	2	2	2	2	2	
3	4	2	2	2	4	3	2	2	4	2	
3	3	2	2	3	3	4	2	2	3	2	
4	3	2	2	2	2	2	3	2	2	3	
2	4	3	3	4	3	2	2	3	4	3	4
3	4	4	4	2	2	2	3	2	2	2	2
4	2	2	2	2	3	2	4	3	3	3	
2	4	3	2	4	4	4	2	2	2	2	
3	2	3	2	2	3	4	3	3	2	3	4

答案参见第162页。

合三为一

下列选项中哪三个图形可以组成上方的图形?

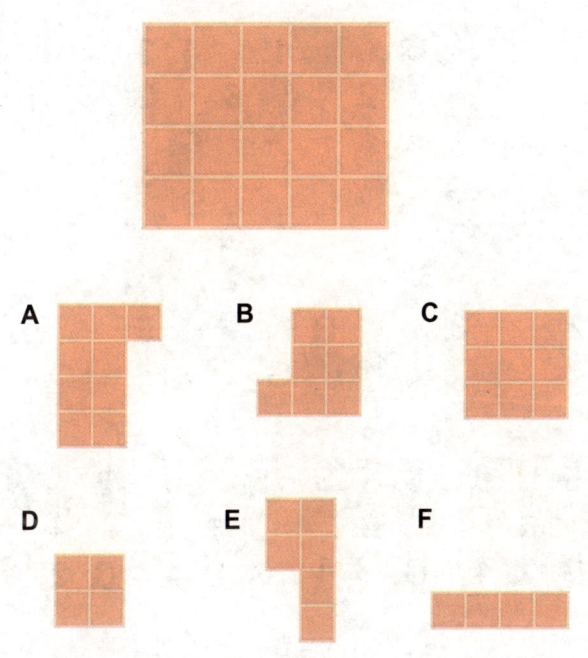

答案参见第162页。

网格图

以下哪个方形可以正确嵌入上方的网格图?

答案参见第162页。

拉丁方阵

完成下列方阵，使每行、每列以及每个粗线框标识的区域都包含字母A、B、C、D、E和F。

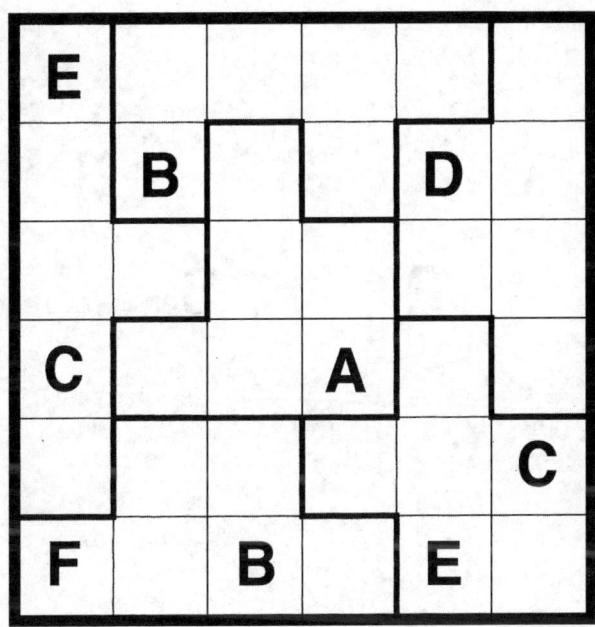

答案参见第162页。

环路连接

用横线或竖线连接相邻的两点,然后按照提示画一根连续的线,最后形成一个回路,并且不和自己相交。格子内的数字代表你所画的线经过该格的边数。并不是所有的方格都有数字提示。

数独

请沿着下面的网格画一根线穿过所有的圆圈,将它们连接起来。该线必须从每个方格边线的中央进出。

黑色圆圈:线在该方格中向左或向右转,并笔直穿过前、后相邻的两个方格。

白色圆圈:线笔直穿过该方格,并在后面和(或)前面相邻的方格转弯。

答案参见第162页。

矩阵

下面图形组合的空白处应嵌入右侧线框中的哪个图形?

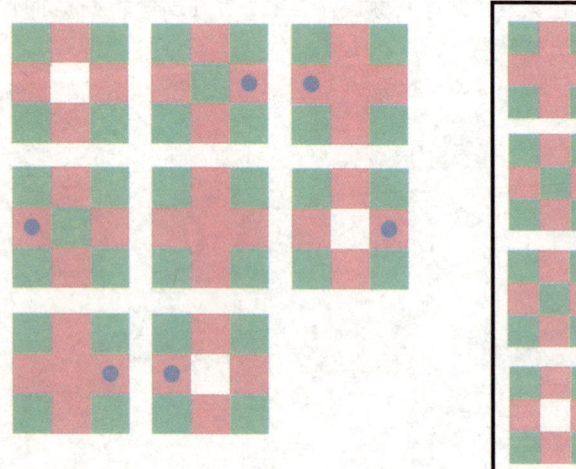

答案参见第162页。

镜面成像

以下图片中只有一幅是第一幅图在镜子中准确的成像。你能找出来吗?

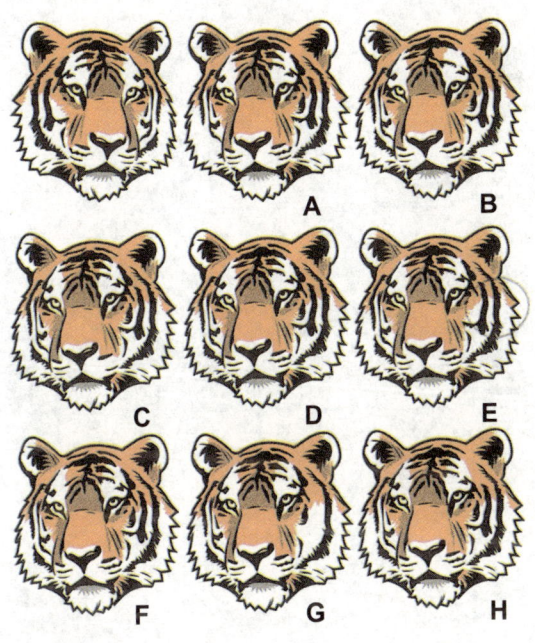

答案参见第163页。

比大小

下面的箭头表示了相邻两个方格内的数字之间的大小关系。请在空格内填上恰当的数字,使所有的行、列都包含数字1到6。

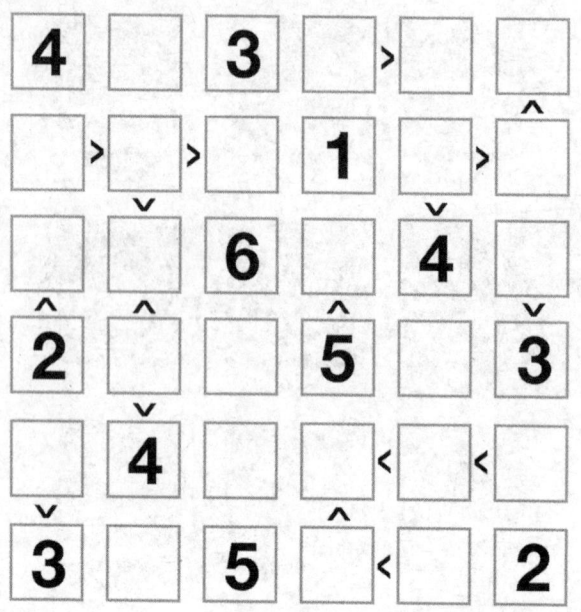

答案参见第163页。

找出不同的

下面哪个图形与其他的图形都不相同?

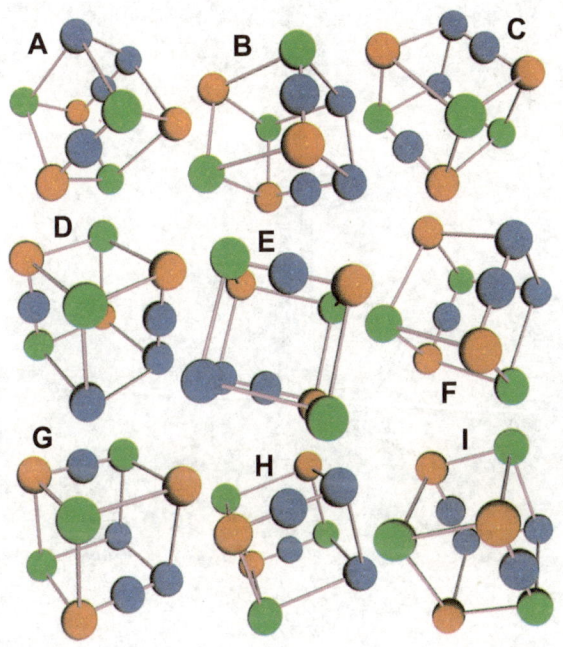

答案参见第163页。

图片分拆

下列三个方形中的碎片哪个正好可以拼出上方的图片?

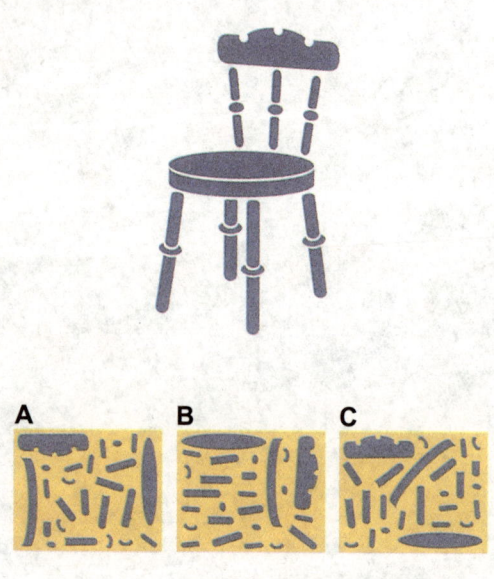

答案参见第163页。

点图

下图空白处的方框中应该有多少点?

答案参见第163页。

猜谜

小乔打算在观看一场盛大的足球赛时围新围巾,为此他正在努力存钱。在当月的第一天,他存下了一便士;第二天,二便士;第三天,三便士……依次类推,直到比赛那天,他正好存到买围巾所需的三英镑。请问比赛是在哪一天?

注:1英镑=100便士

答案参见第163页。

破译保险箱密码

要打开保险箱,所有的按钮都必须按照正确的顺序来按,最后再按"打开"按钮。如果由你来按的话,你会第一个按哪个按钮呢?

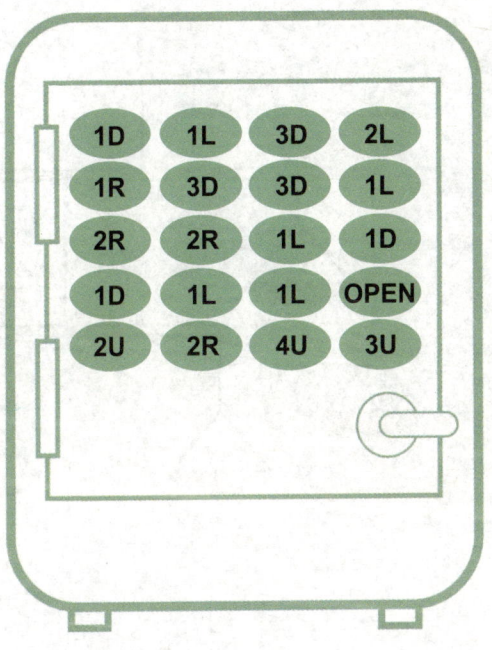

U=上 D=下 L=左 R=右

答案参见第163页。

天平

你可以将下列砝码放在天平的托盘上，使整个天平保持平衡吗？

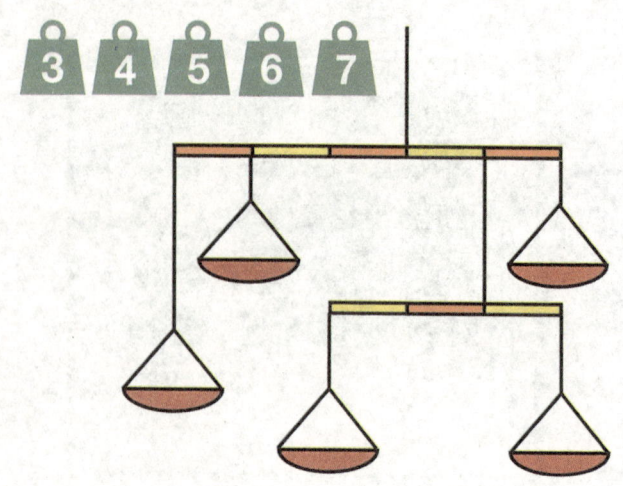

答案参见第163页。

变形记

请在下列空白的方格中填上恰当的小球,使每一行、每一列以及每条长对角线的5个小球的颜色各不相同。

答案参见第163页。

路标

你能够破译下列城市与旁边代表通向该城市距离的数字之间的逻辑关系，并推算出通往温哥华的距离吗？

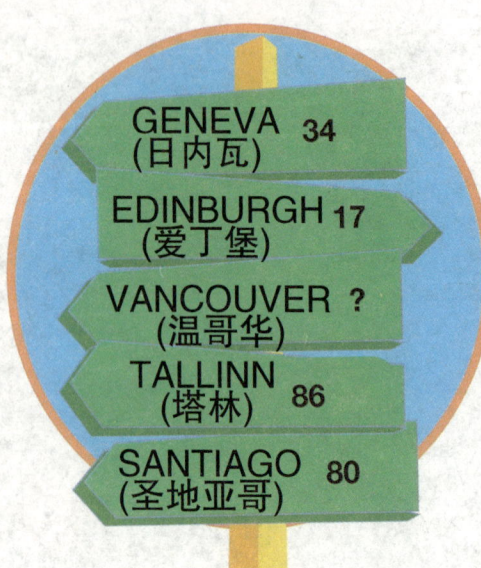

GENEVA (日内瓦) 34
EDINBURGH (爱丁堡) 17
VANCOUVER (温哥华) ?
TALLINN (塔林) 86
SANTIAGO (圣地亚哥) 80

答案参见第164页。

找茬

你可以找出下面两幅图中的十处不同之处吗?

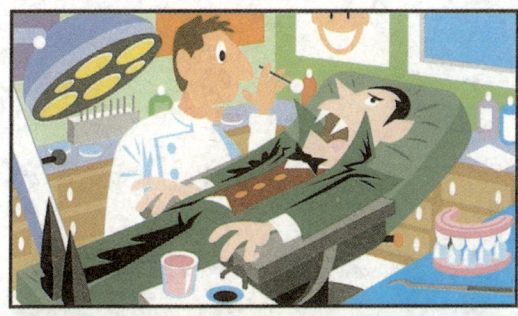

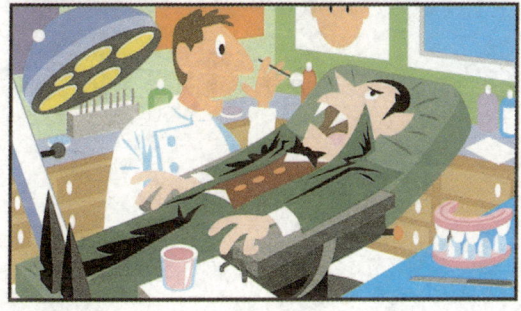

答案参见第164页。

6 × 6 数独

完成下列方阵,使所有的行、列以及每条长对角线都包含数字1、2、3、4、5、6。

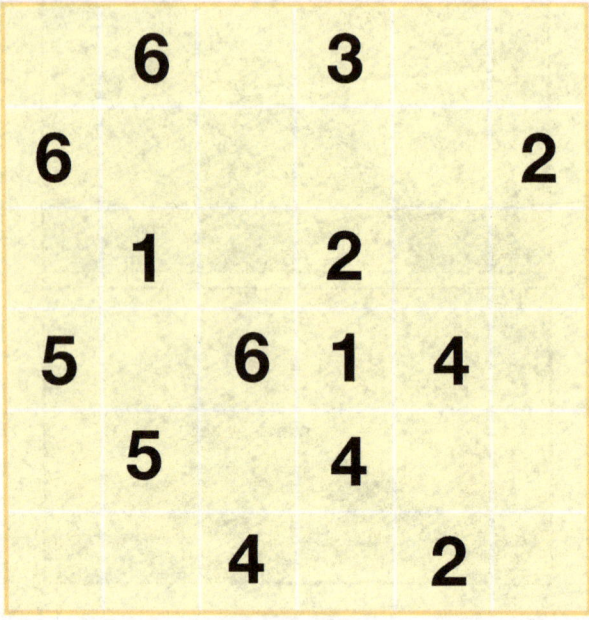

答案参见第164页。

头像算术

计算以下每个头像所代表的数字,然后找出正确的数字替代问号。

猜数字

警官卡普路斯基和沃卓维兹正在统计一周内他们抓到的乱穿马路的人数。卡普路斯基很兴奋地发现他以十四对十一领先。你可以用百分比来表达两个警察的成功率吗?

答案参见第164页。

维恩图

你能在下列图表中找出哪块区域代表完全不喝酒、并且不会橄榄球的澳大利亚冲浪运动员和会喝啤酒但是不会冲浪的非澳大利亚橄榄球运动员吗?

答案参见第164页。

称重

下图中彩色的小球分别代表数字1、2、3、4、5。你可以推算出它们各自所代表的数字,然后算出最后一个天平的托盘上应该放多少只紫球才能使天平两边平衡?

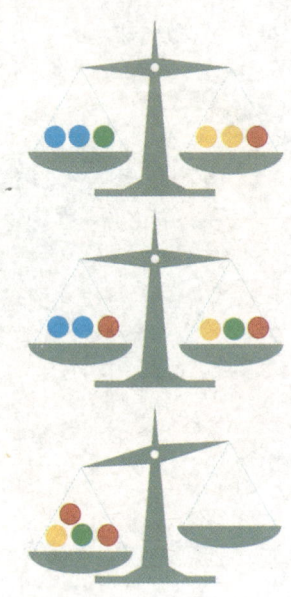

答案参见第164页。

矩阵

下面图形组合的空白处应嵌入右侧线框中的哪个图形?

答案参见第164页。

配对

下列图形中只有两个完全一样。你可以找出来吗?

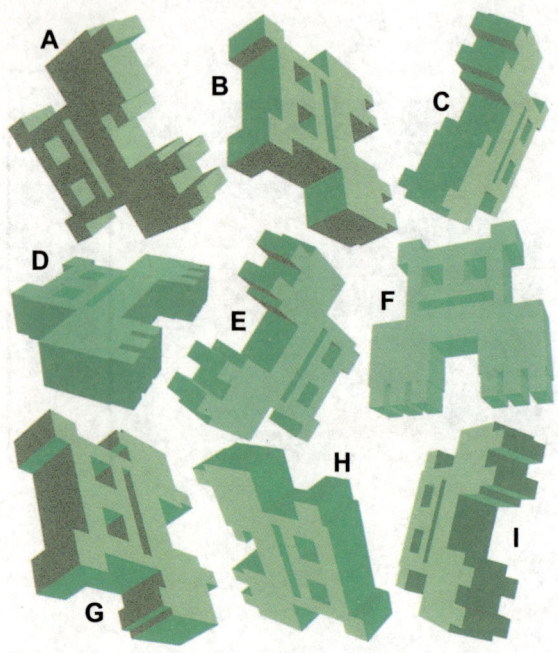

答案参见第165页。

大变身

图B中每个小三角形的颜色与图A有直接的联系。你可以根据这个规则给图C涂上恰当的颜色吗?

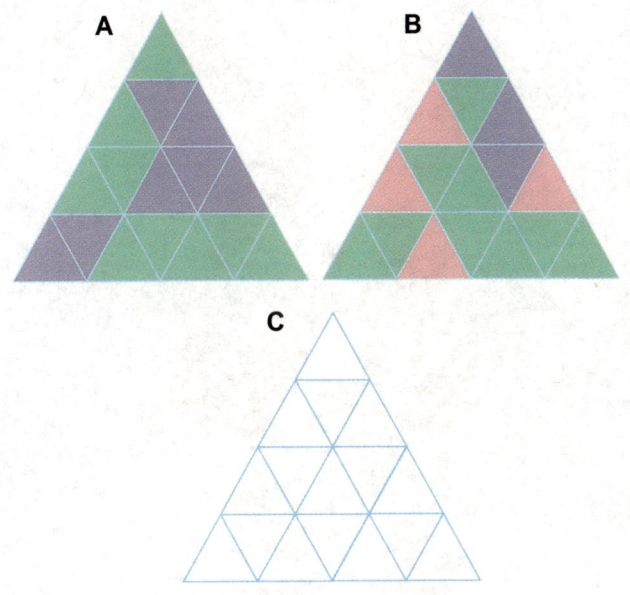

答案参见第165页。

拼拼看

下列碎片经重新组合后可拼出一位电影明星的名字……那会是谁?

答案参见第165页。

立方体之路

你可以破解下面立方体的颜色密码,然后从一个橙色方块走到另一个橙色方块吗?蓝色箭头表示哪个方向为向上……

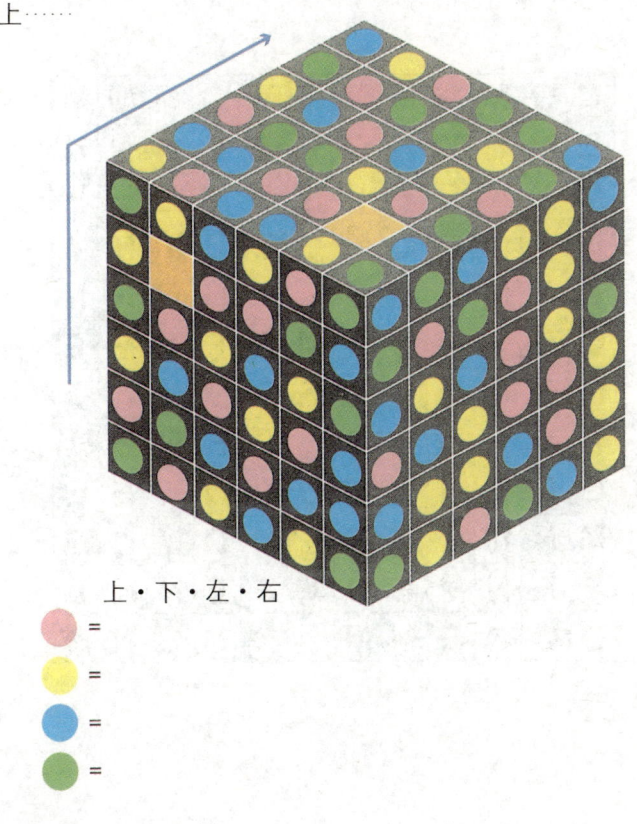

上・下・左・右

● =
● =
● =
● =

答案参见第165页。

寻找NEMO

单词NEMO在下列方阵中出现过一次,从下往上、从上往下、从前往后、从后往前,或者顺着对角线看。你找到了吗?

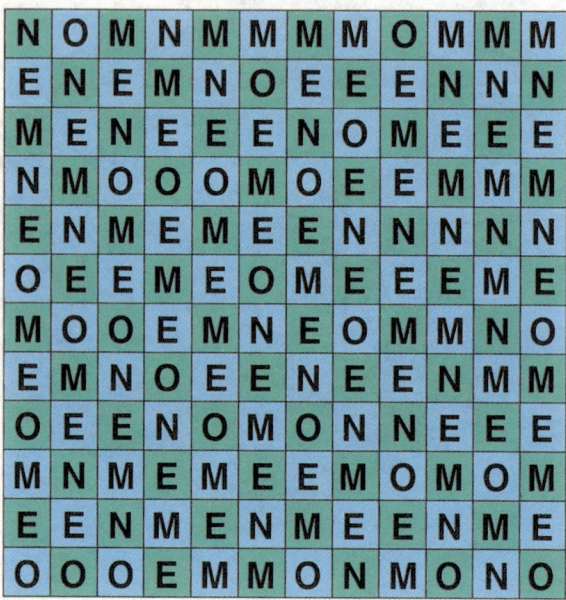

答案参见第165页。

找颜色

下列四个截图中有三张都可以在上方的大图中找到，只有一张不属于大图。你可以找到那张吗？注意，截图的方向并不一定和主图一致！

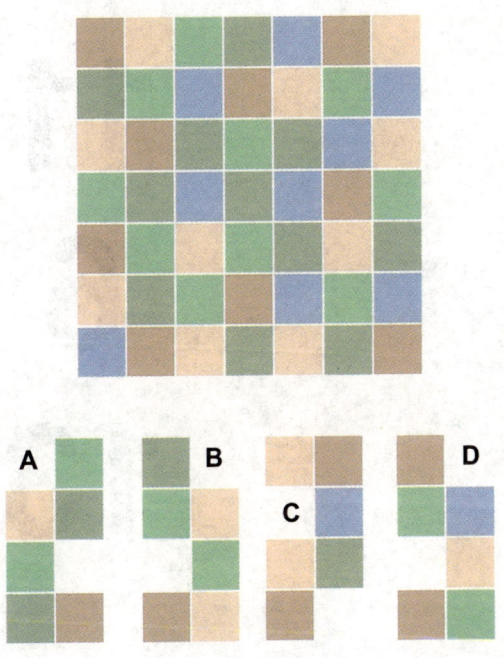

答案参见第165页。

神奇的正方形

下面的正方形应包含九个连续的数字,请在空格处填入恰当的数字,使每行、每列及每条长对角线上的数字之和相同。

		11
		6
		13

答案参见第165页。

矩阵

下面图形组合的空白处应嵌入右侧线框中的哪个图形?

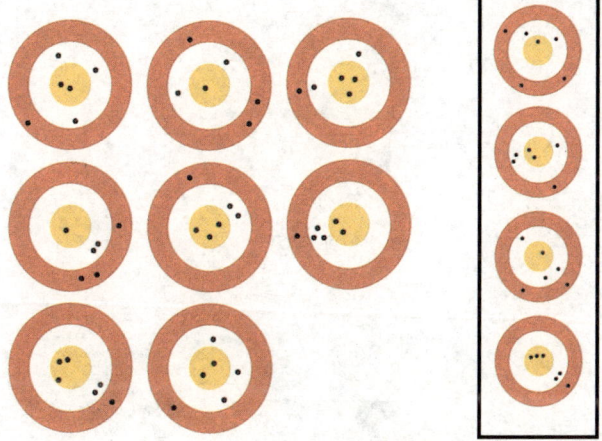

答案参见第165页。

奇怪的钟

奥克兰比圣保罗早十六个小时,后者比迈阿密早一个小时。如果现在圣保罗是星期六下午2:15,则另外两个城市分别是几点?

圣保罗

迈阿密　　**奥克兰**

答案参见第166页。

猜谜

杰西卡向朱莉娅许诺要告诉她一个天大的八卦消息,但是必须等到后天的四天后的前一天。今天是三号星期三,那朱莉娅哪天才能知道呢?

答案参见第166页。

破译保险箱密码

要打开保险箱，所有的按钮都必须按照正确的顺序来按，最后再按"打开"按钮。如果由你来按的话，你会第一个按哪个按钮呢？

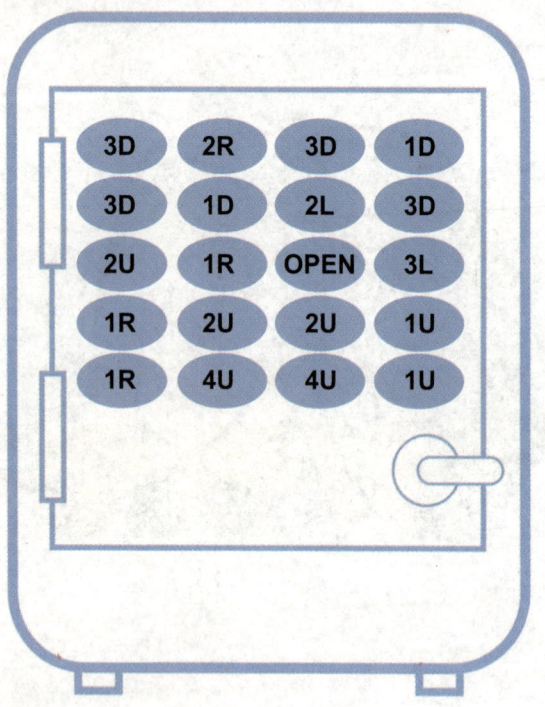

U=上 D=下 L=左 R=右

答案参见第166页。

逻辑顺序

下列小球的顺序被打乱了。你可以根据给出的提示找出正确的顺序吗?

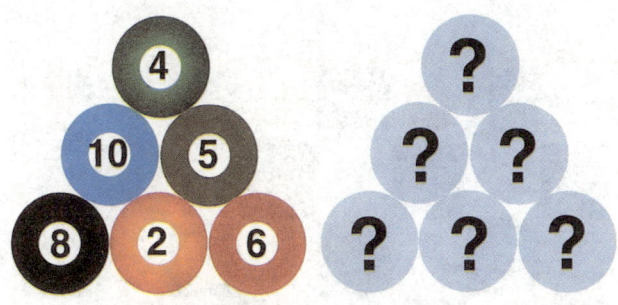

4号球不接触5号和2号。
8号球触碰四个球。
4号球就在6号球的正右边。
10号球在相加之和等于13的两个小球之上。

答案参见第166页。

马的行动

在下面的国际象棋棋盘中，找出一个空格，使其中的马可以一步走入蓝色圆圈，或红色圆圈或黄色圆圈。马的移动路线呈L形——向上或向下或向左或向右两格，然后往左或往右或往上或往下一格。

答案参见第166页。

方块游戏

玩方块游戏的时候,每个玩家依次将相邻的两个点连成一根线。如果某个玩家搭成了一个方块,那么他既可赢得这个方块,还可以再来一次。在下面这个游戏中,现在轮到你出手了。为了避免给对手赢走很多方块,你该怎么办呢?

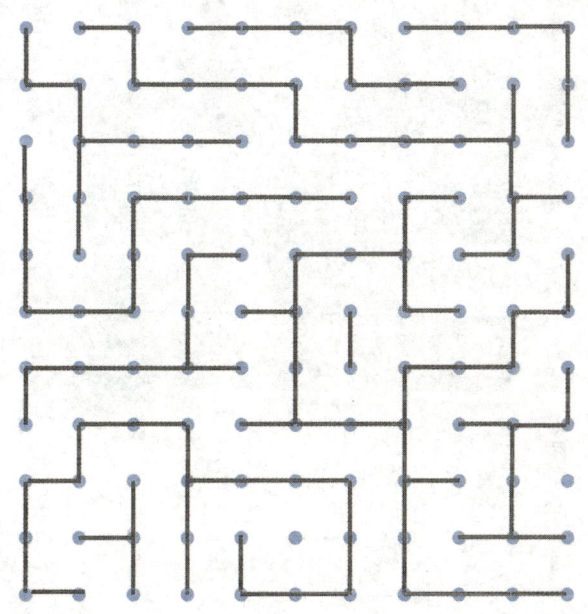

答案参见第166页。

X和O

下面网格四周的数字代表了与该方格对应的行、列和对角线的方格中X的数量。在空格处填入X或O，完成下列网格。

2	4	5	4	2	7	1
5	X			X		4
4						3
3						6
2			O			4
5	O			X		5
1	2	4	3	4	6	2

答案参见第166页。

考考你的记忆力

　　研究以下图片一分钟,然后用纸将图片盖住,回答以下五个问题。

问题:
1. 蓝色圆形上有多少黄色五角星?
2. 总共有多少红色圆形?
3. 统计五角星、圆形和背景图中,总共有多少是蓝色的?
4. 红色圆形所在的背景图形是什么颜色的?
5. 黄色背景图形上的五角星是什么颜色?

答案参见第166页。

数独

完成下列方阵，使所有的行、列以及所有3 x 3的粗框正方形中仅出现一次数字1、2、3、4、5、6、7、8、9。

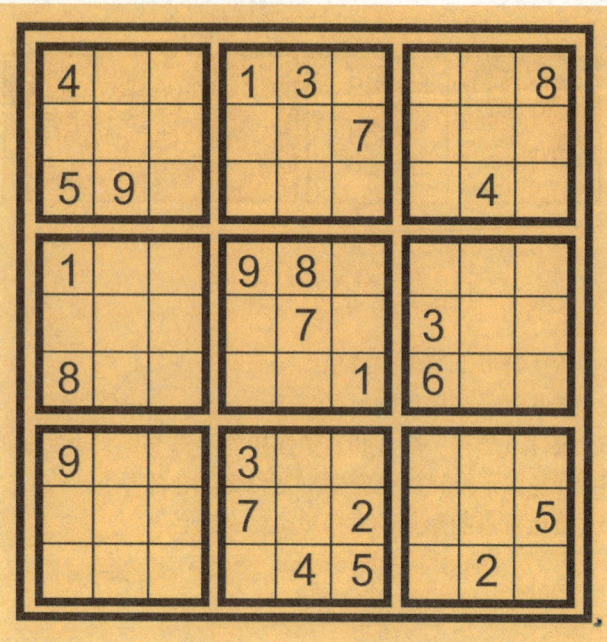

答案参见第167页。

找茬

你可以找出下面两幅图中的十处不同之处吗?

答案参见第167页。

相同的不同之处

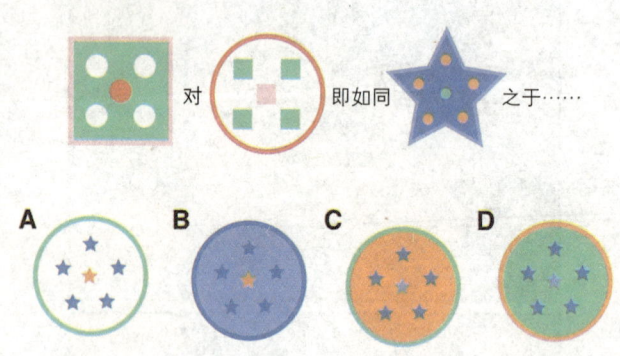

对 即如同 之于……

答案参见第167页。

百分比

下面图形中蓝色所占的百分比是多少?橙色又占多少?

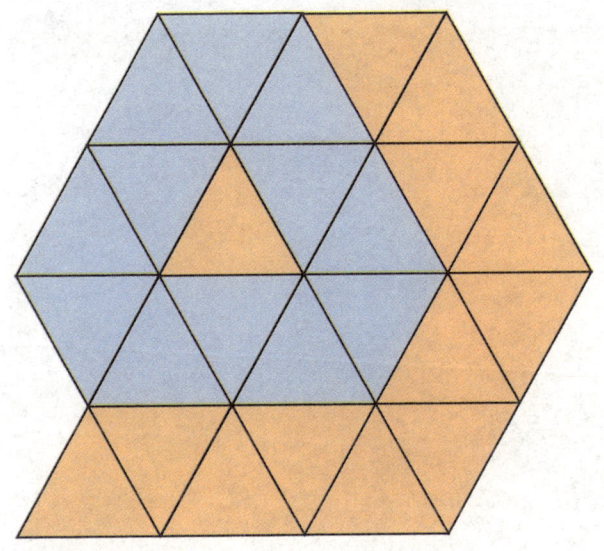

答案参见第167页。

点图

下图空白处的方框中应该有多少点?

答案参见第167页。

跳棋大战

跳动一次白棋,使棋盘上只剩下八粒黑棋,并且都不在同一行或同一列。

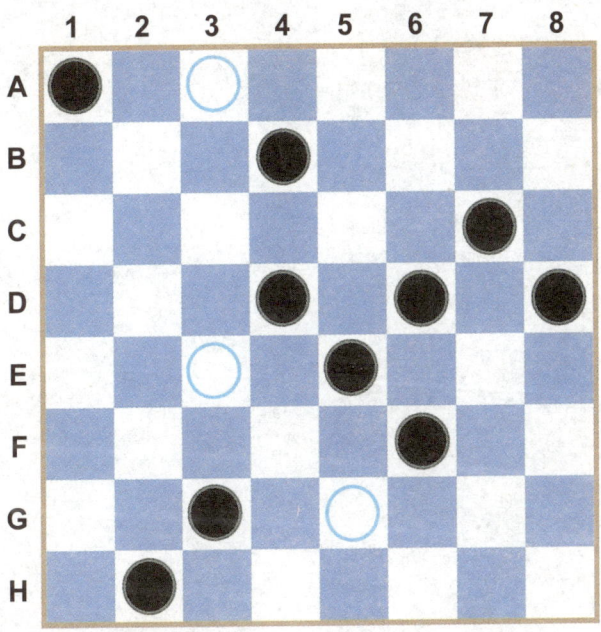

答案参见第167页。

顺序

按照以下序列的逻辑顺序,你可以推断出下一个脸谱的颜色吗?它是否是笑脸?

答案参见第167页。

拉丁方阵

完成下列方阵，使每行、每列以及每个粗线框标识的区域都包含字母A、B、C、D、E和F。

答案参见第167页。

定位

下面这幅变形图原是一座闻名世界的标志性建筑。你知道它是哪里吗?

答案参见第168页。

矩阵

下面图形组合的空白处应嵌入右侧线框中的哪个图形?

答案参见第168页。

拼图

下列五张小图中只有一张可以嵌入大图中的空白处——其他的图都经过稍许改动。你可以准确地找出缺少的那块吗?

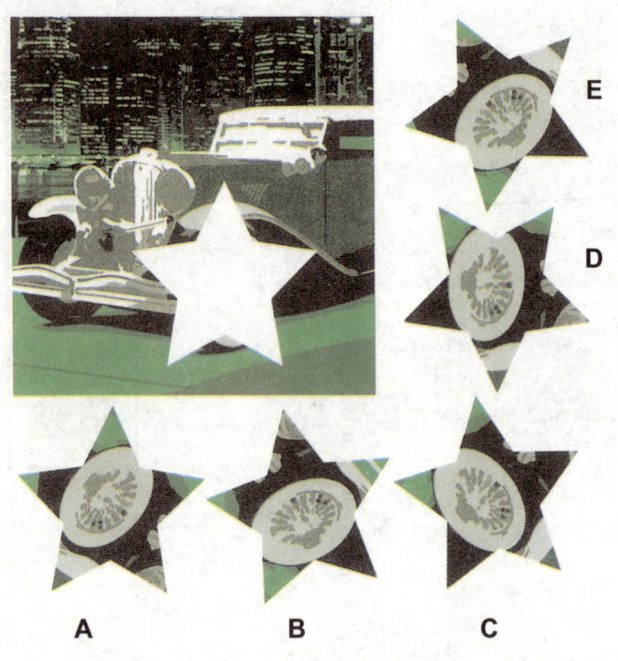

答案参见第168页。

花式台球

在花式台球中,你打彩带球。你已经清光了你的子球,只剩下黑球,但是你却被置于困境……接下来的一杆你应该怎么打?

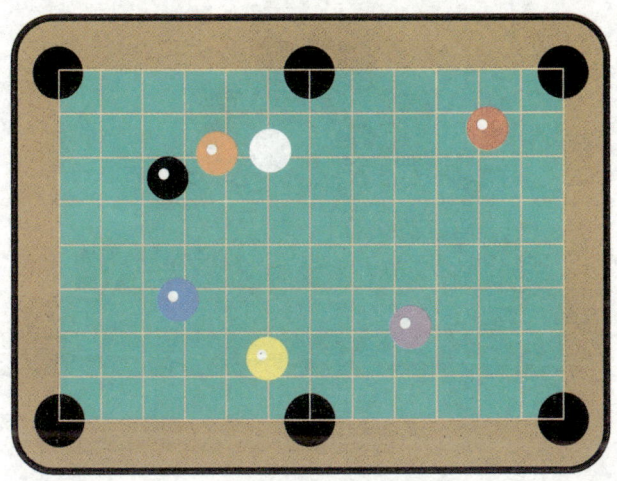

答案参见第168页。

数字山

用数字代替所有的问号,使左右相邻的两个方块中的数字之和等于它们上端方格中的数字。

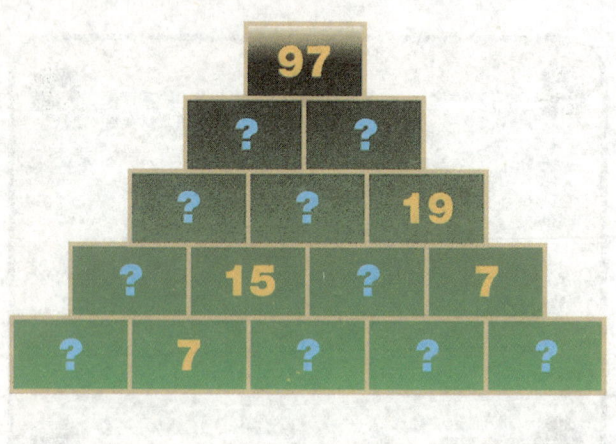

答案参见第168页。

图片分拆

下列三个方形中的碎片哪个正好可以拼出上方的图片?

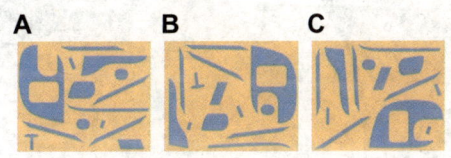

答案参见第168页。

猜谜

贝琳达、班尼、博比、布赖恩和比尔参加了一场比赛，竞猜糖罐里究竟有多少颗糖。贝琳达说有300颗，班尼说有280颗，博比说有290颗，布赖恩说有250颗，比尔说有260颗。他们所有的猜测中有两个都跟实际数字相差10颗。一个相差40颗，还有一个距离实际数字有30颗。那最后谁赢了？

答案参见第168页。

数独

完成下列方阵，使所有的行、列以及每个粗线框标识的正方形都包含数字1、2、3、4、5、6、7、8、9。

	6	2			8	5		7
1				3		9		
	8			9			2	
	7			8		3	4	
			1		5			
5						8	1	6
2	1		6	5		7		
		3						
8				2	3		9	1

答案参见第168页。

头像算术

计算以下每个头像所代表的数字,然后找出正确的数字替代问号。

答案参见第169页。

猜数字

琼斯老奶奶喜欢吃橡皮糖。她的橡皮糖总共有三种颜色：橙色、红色和黄色。包装袋里红色橡皮糖的数量刚好是黄色的两倍。吃了七颗橙色糖后，剩余的橙色糖比黄色糖少一颗，且剩余的橙色糖是原先所有糖果数量的20%。她原来有多少颗糖？

答案参见第169页。

称重

下图中彩色的小球分别代表数字1、2、3、4、5。你可以推算出它们各自所代表的数字,然后算出最后一个天平的托盘上应该放多少只红球才能使天平两边平衡?

答案参见第169页。

彩虹猜想

下图中喷泉四周仅使用金色、黑色和奶油色石块铺路，并且两个相邻的石块颜色都不相同。那问号所在的日晷处应该是什么颜色？

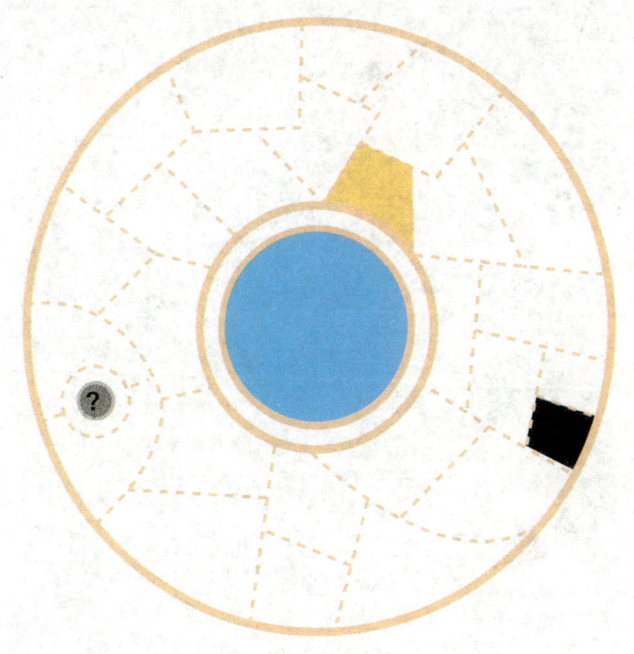

答案参见第169页。

洗牌

完成下列牌阵，使每行、每列以及每条长对角线都包含四个不同花色的J、Q、K、A。

答案参见第169页。

迷你点阵图

每行、每列中的数字代表了黑色小方格以及相邻的黑色方格组合。给所有的黑色方格上色,将出现一组六个数字的组合。

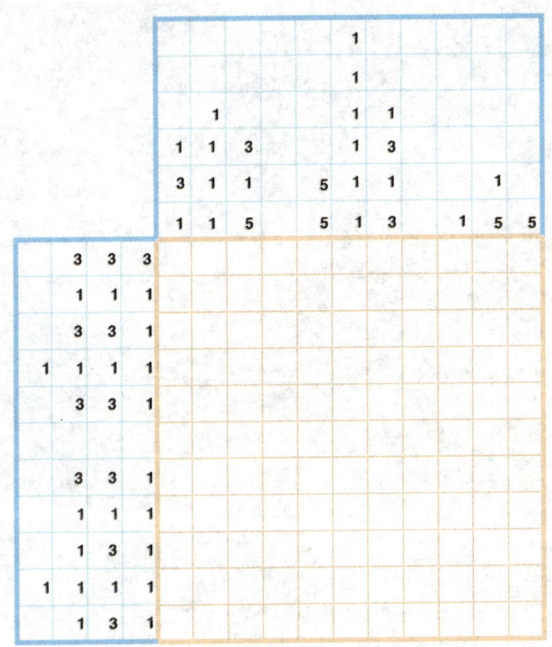

答案参见第169页。

成双对

以下所有的形状除了一个以外,都出现过两次,你能找出那个成单的吗?

答案参见第169页。

配对

下列图形中只有两个完全一样。你可以找出来吗?

答案参见第169页。

红边角

找出四个红色边角与中间数字的关系。第三个方框中的问号应该是什么数字?

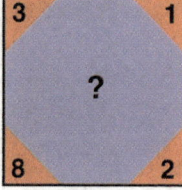

答案参见第170页。

轮轴标志

下面两个数字轮轴的中心应该填入什么数字?

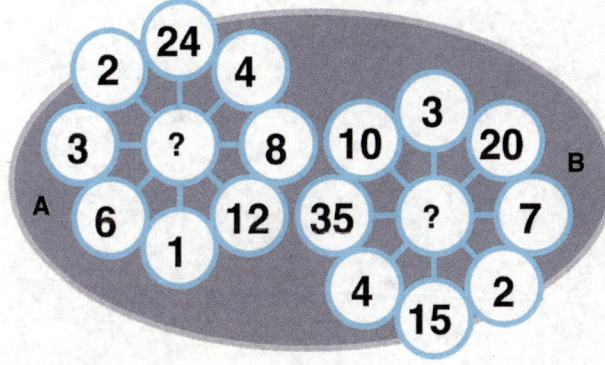

装箱

每个图形的值等于它的边数和内部数字相乘之积,如一个内含数字4的正方形,其值即为16。请勾画出大小为两个方格宽、两个方格高的一块区域,其总值正好为100。

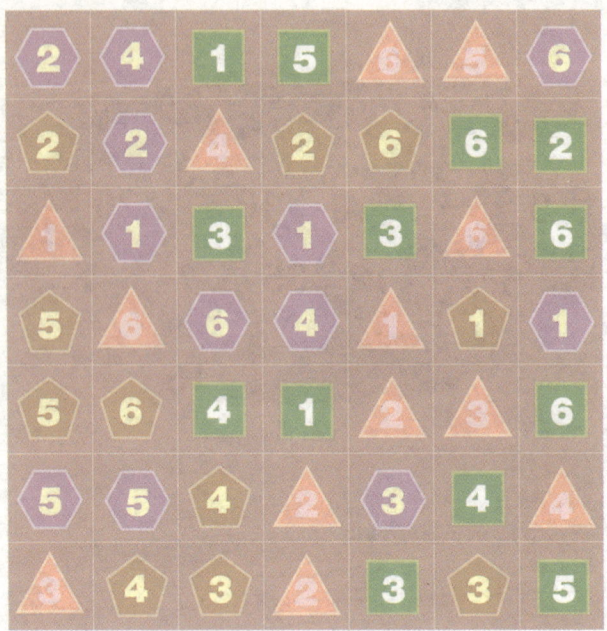

答案参见第170页。

旋转

齿轮A有十个嵌齿,齿轮B有八个,齿轮C有十四个。齿轮A需要旋转多少次,才可以使三个齿轮正好回到下面的位置?

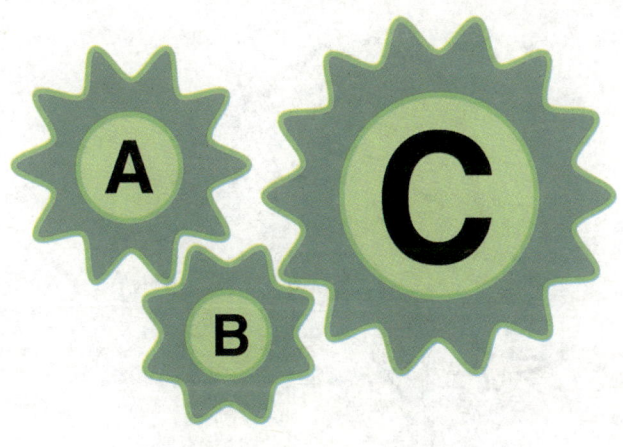

答案参见第170页。

猜谜

古董交易商艾达正在计算她当天的赢利,思考还可以如何提高。她发现她售出的那只维多利亚钟只有5%的赢利,并计算出如果她的收购价还可以再低10%,在出售价格不变的情况下,她可以赢利十五英镑。请问她购买的价格是多少?

答案参见第170页。

大变身

图B中每个小方格的颜色与图A有直接的联系。图C中小方格的颜色与图B有着相同的联系。你可以根据这个规则给图D涂上恰当的颜色吗?

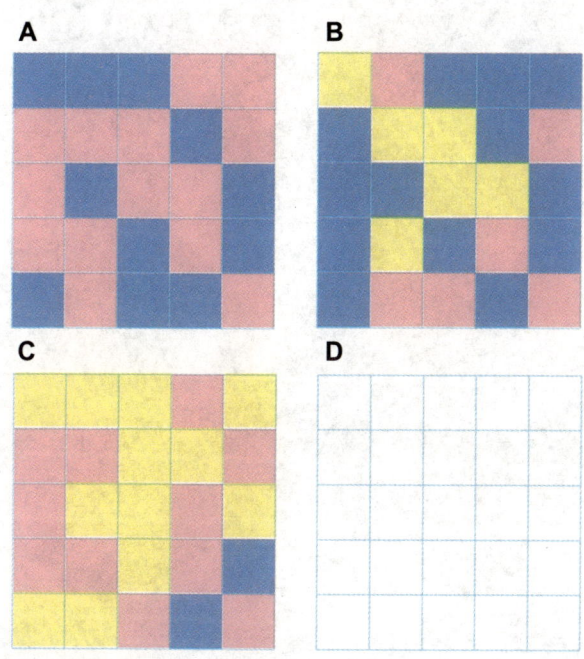

答案参见第170页。

配对

下列图形中只有两个完全一样。你可以找出来吗?

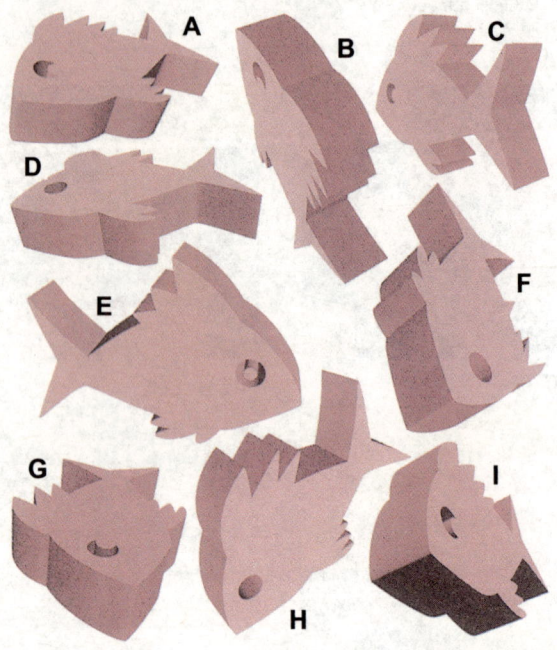

答案参见第170页。

大变身

图B中每个六角形的颜色与图A有直接的联系。你可以根据这个规则给图C涂上恰当的颜色吗?

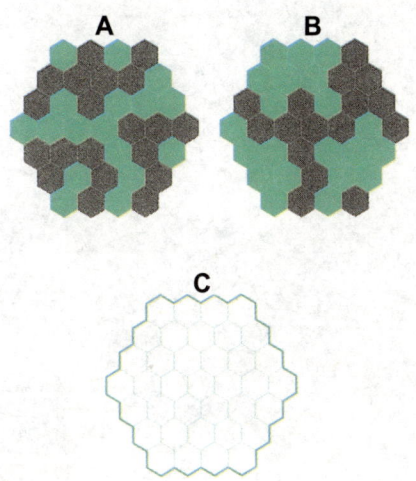

答案参见第170页。

猫咪和齿轮

按照图示方向转动把手……猫咪会往上还是往下?

答案参见第171页。

折折剪剪

经图示一系列折叠和裁剪可以得出下列哪个图形?

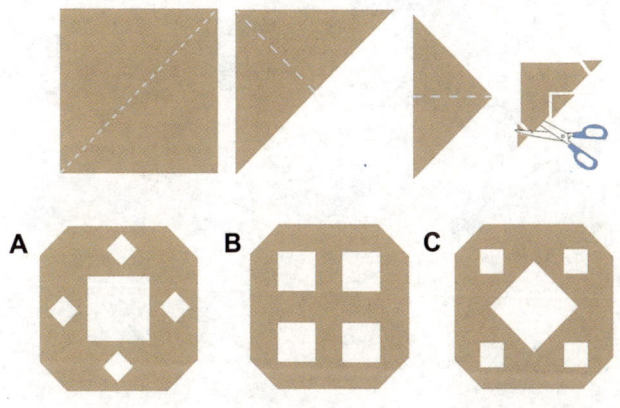

答案参见第171页。

画图

下列两个网格图合并之后,将形成一幅新的图画……是什么?

答案参见第171页。

比大小

下面的箭头表示了相邻两个方格内的数字之间的大小关系。请在空格内填上恰当的数字,使所有的行、列都包含数字1到6。

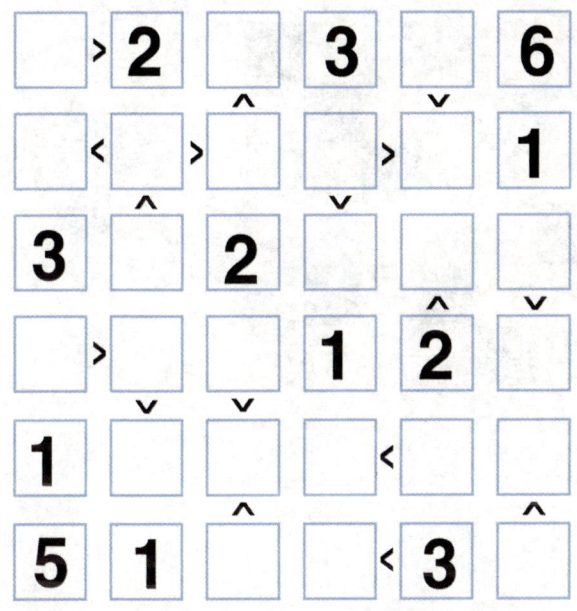

答案参见第171页。

今日补丁

将右侧的图形放入左侧的网格图中,让每行、每列都没有颜色重复。注意,这个图形的方向可能需要变换!

答案参见第171页。

猜谜

托戈尔夫妇驾车从艾斯镇到比斯镇度假,在交叉路口,托戈尔先生不小心把指示牌给撞倒了。指示牌一点没有坏,完好无损。但是现在他们要如何知道哪条路通往比斯镇呢?

答案参见第171页。

找布景

以下四个小方格中的图片都可以在上方的网格图中找到——你可以把它们找出来吗？小心哦,两者的方向不一定相同!

答案参见第171页。

变形记

请在下列空白的方格中填上恰当的符号，使每一行、每一列以及每条长对角线的六个符号各不相同。

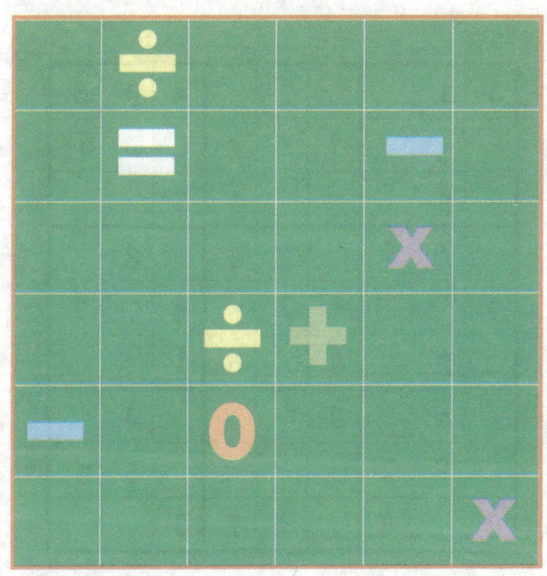

答案参见第171页。

数独

完成下列方阵，使所有的行、列以及每个粗线框标识的正方形都包含数字1、2、3、4、5、6、7、8、9。

5	1			2		4	9	8
	3		1		6		7	5
	8				4	6		
	7	3			9		8	
1				7		9		2
	2		3		5	1		
	5		8	6			4	
	9	2					5	6
8		4		9	7	3		

答案参见第172页。

方块派对

假设从这个角度看不见的方块全部都在,那么这个5 x 5 x 5的立方体中总共移去了多少块方块?

答案参见第172页。

象棋大战

你可以在国际象棋棋盘上放置后、象、马、车这四枚棋子,使红色区域刚好受到两枚棋子的攻击,而绿色区域受到三枚棋子的攻击?

答案参见第172页。

双迷宫

从A走到B，不通过任何黄色方格——然后再来一次，这次不通过任何蓝色方格！

答案参见第172页。

立方体

下图可以被折成一个立方体。应该是图示四个立方体中的哪个呢?

答案参见第172页。

找出不同的

下面哪个图形与其他的图形都不相同?

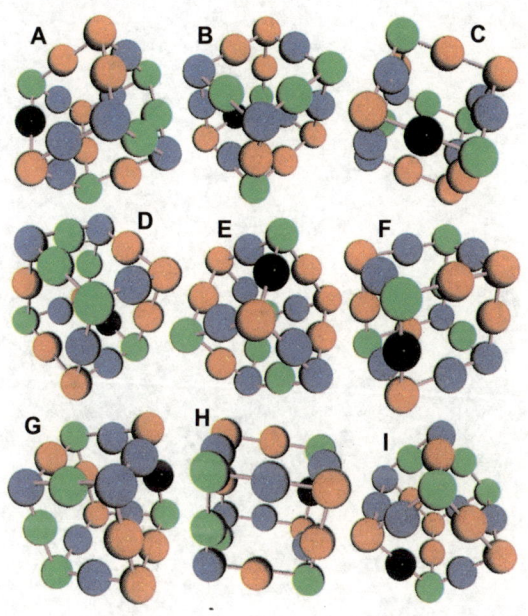

答案参见第172页。

扫雷

下图中的数字代表了与该格相邻的黑色格子的数量。将这些格子涂黑,直到所有的数字都被正确数量的黑格包围。

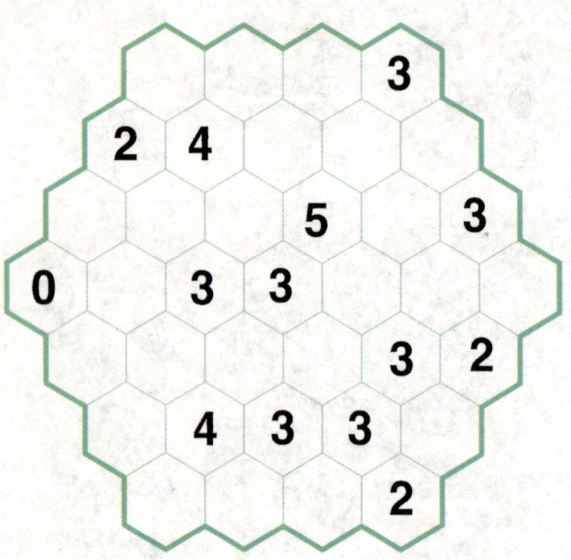

洗牌

完成下列牌阵，使每行、每列以及每条长对角线都包含四个不同花色的J、Q、K、A。

答案参见第172页。

剪影

下面哪一幅彩色图片与第一幅剪影相符?

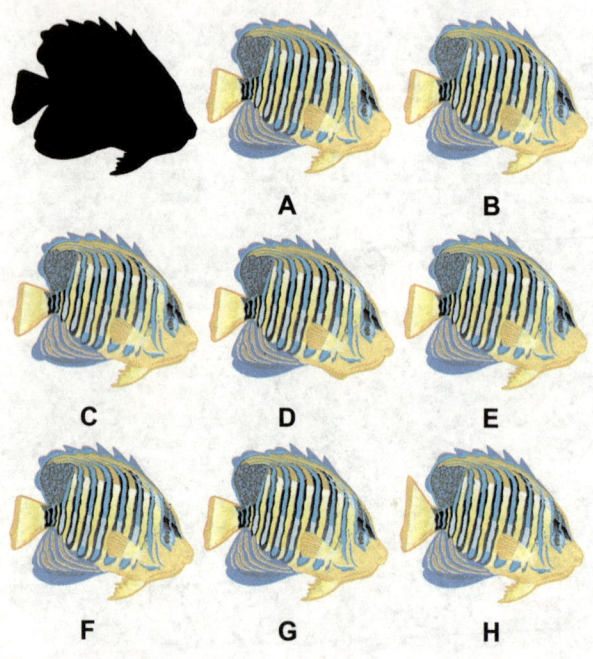

答案参见第173页。

符号算式

以下符号代表数字1至4。假设粉色鹦鹉代表数字2,你可以计算出其他颜色的鹦鹉各代表哪个数字,才能使算式成立吗?

答案参见第173页。

找布景

以下四个小方格中的图片都可以在上方的网格图中找到——你可以把它们找出来吗？小心哦，小方格的方向不一定相同！

答案参见第173页。

面积计算

你可以大致计算出图片中的骆驼所占的面积大小吗?

100毫米(mm)

答案参见第173页。

6×6数独

完成下列方阵,使所有的行、列以及每条长对角线都包含数字1、2、3、4、5、6。

	5		6	4	3
4					5
6					
		6	1	5	
1	2	4		3	
			2		

答案参见第173页。

帐篷和树

每棵树 🌲 的横向或纵向相邻的格子有一顶帐篷 ⛺。任意两顶帐篷不能出现在相邻的格子中（包括对角线）。右侧和底部的数字代表了该行或该列内帐篷的数量。你可以确定所有帐篷的位置吗？

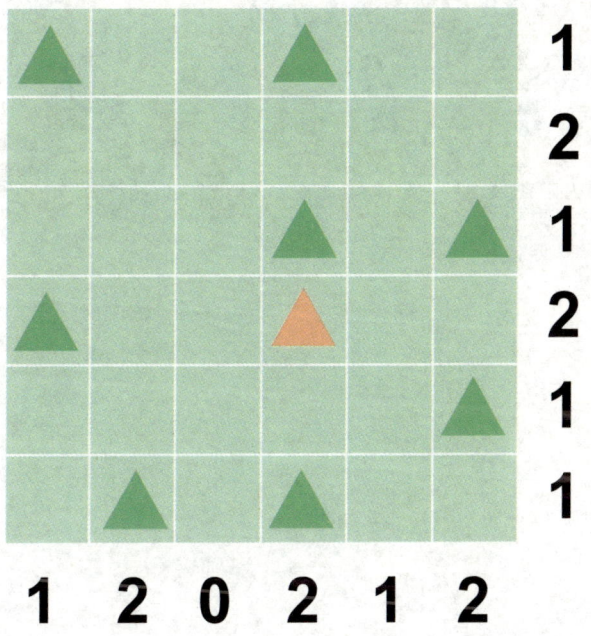

答案参见第173页。

色板转换

我们的色板有一块失踪了！你可以推算出四个颜色的顺序完成下面的组合吗？

答案参见第173页。

铺地毯

下图是一张剧院入口大道的平面图,缺口处表示两边放置的盆栽。下方是几块奇形怪状的红地毯……你能用这些地毯铺满大道吗?

答案参见第173页。

网格图

以下哪个方形可以正确嵌入上方的网格图?

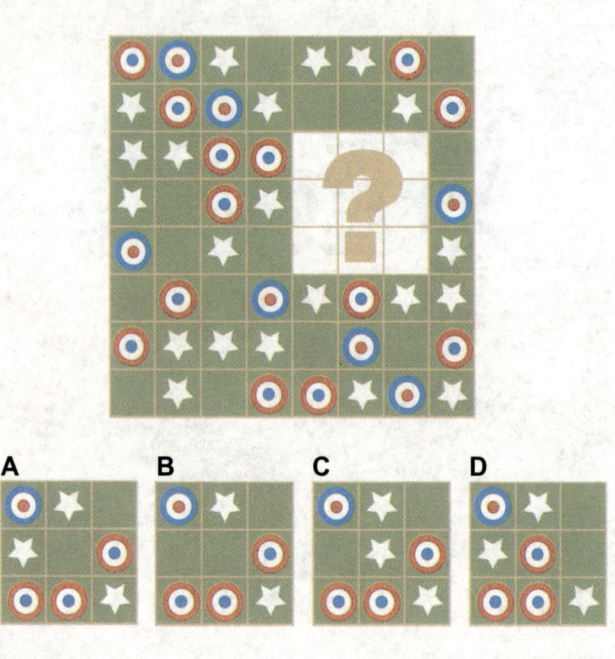

A **B** **C** **D**

答案参见第174页。

142

环路连接

用横线或竖线连接相邻的两点,然后按照提示画一根连续的线,最后形成一个回路,并且不和自己相交。格子内的数字代表你所画的线经过该格的边数。

3	2	2	2	3
3	1	1	2	2
3	0	2	2	2
3	2	3	2	3
3	1	2	2	2

答案参见第174页。

神奇的正方形

下面的正方形应包含九个连续的数字,请在空格处填入恰当的数字,使每行、每列及每条长对角线上的数字之和相同。

	18	
	20	
	22	

答案参见第174页。

搭积木

你可以找出下列图形中数字背后的逻辑关系，然后计算出问号所代表的数字吗？

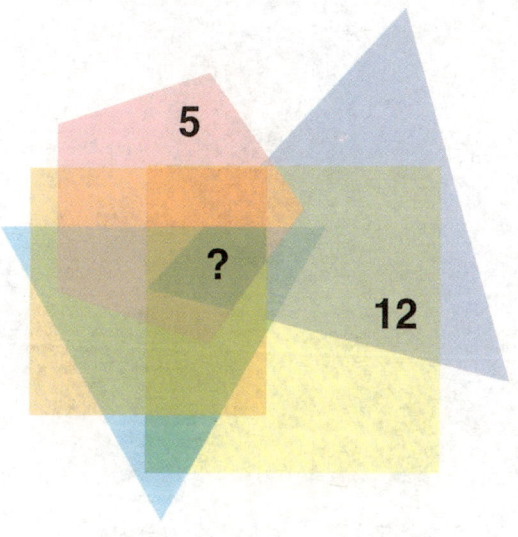

答案参见第174页。

奇怪的钟

里约热内卢比雅典晚六个小时,后者比卡拉奇晚两个小时。如果现在雅典是星期四凌晨1:25,则另外两个城市分别是几点?

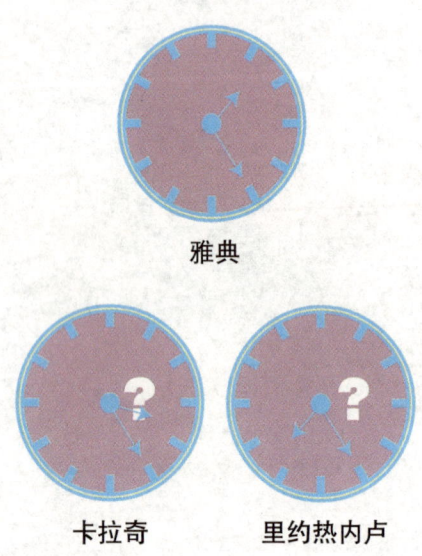

雅典

卡拉奇　　　里约热内卢

答案参见第174页。

图片分拆

下列三个方形中的碎片哪个正好可以拼出上方的图片?

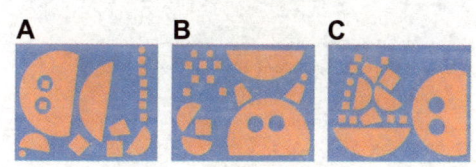

答案参见第174页。

路标

你能够破译下列城市与旁边代表通向该城市距离的数字之间的逻辑关系,并推算出通往香港的距离吗?

答案参见第174页。

矩阵

下面图形组合的空白处应嵌入右侧线框中的哪个图形?

答案参见第174页。

镜面成像

以下图片中只有一幅是第一幅图在镜子中准确的成像。你能找出来吗?

答案参见第175页。

数字扫雷

下面的网格图中方格内的数字代表了该方格四周的黑色格子的数量。将这些格子涂黑,直到所有的数字都被正确数量的黑格包围。然后你会发现一个数字!

0	2		5		5		5		5		2
	4			8		8		8		5	
2		7	8		6		5		5		2
	5		8			6		6		3	
4		8		7	6		5		4		1
	7		7		5			7		5	
3		5		4		3	5		8		4
	6		4		0		3			8	
3		5		4		3		6	8		5
	7		7		5		6		8		
3		6		8		8		7		4	3
	2		4		5		5		4		1

答案参见第175页。

天平

以下天平的天平臂被分割成段，距离中间点两段臂长的重量是只隔一段臂长的两倍。你可以将下列砝码放在天平的托盘上，使整个天平保持平衡吗？

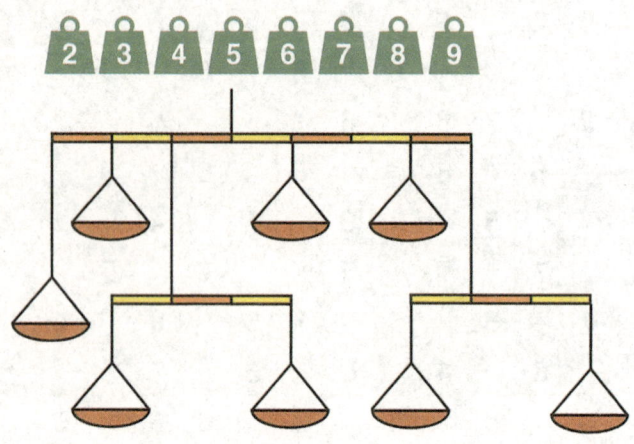

答案参见第175页。

找茬

你可以找出下面两幅图中的十处不同之处吗?

答案参见第175页。

数独

完成下列方阵，使所有的行、列以及每个粗线框标识的正方形都包含数字1、2、3、4、5、6、7、8、9。

	1			3	6		2	9
9	2	8			7	3	6	
		7					4	8
	5		3		1	4		6
8		6		2	9	5	1	7
	7	4			8			3
5		3			2		7	
		2	7	8		9	5	1
	9		5		4			

答案参见第175页。

找茬

你可以找出下面两幅图中的十处不同之处吗?

答案参见第175页。

答案

第6页
答案：E。

第7页

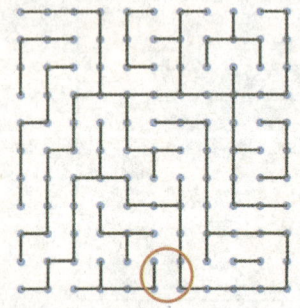

答案：连接图示红圈中正方形的上、下任意一边，只会给对手一个方块。

第8页
答案：A。

第9页
答案：
蓝色 = 左
红色 = 右
绿色 = 上
黄色 = 下
最后经过的骰子应该是第二列从上往下第三个：蓝色骰子1。

第10页
答案：红色2。两个大小相同的数字后跟一个红色数字。两个不同颜色的数字后跟2。

第11页

第12页

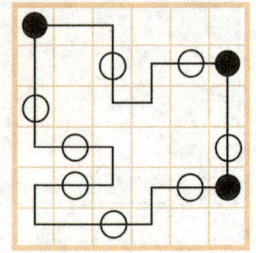

答案

第13页

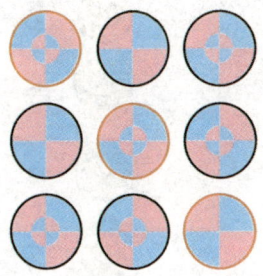

答案：选A。每组横向和纵向的三个图形中，都有一个边线为红色，另两个边线为黑色；每行都有一个图形内部没有由四个扇形合成的小圆；还有一个图形经过90度旋转。缺失的图形应该是未经旋转、红色边线，且没有小圆的。

第14页

答案：每行有两个金字塔塔顶有个金色小球，只有一个没有；每行有两个金字塔有一个蓝色的"B"，只有一个没有；每行有两个金字塔有个小洞，只有一个没有；每行有一张图片经过逆时针90度旋转。缺失的图片应该是顶端有金色小球、没有蓝色"B"、有小洞，并且经过旋转的金字塔。

第15页

答案：F与其他图形都不同。蓝、绿球数量与其他图形相反。

答案

第16页
答案:10。第十跳时小猫终于成功。

第17页
答案:I 15,I 9,A 9,M 1。

第18页
答案:2/3和1/3。351除以3商为117(即39+78)。117 x 2 = 234 (即203 + 31)。

第19页
答案:紫色 = 1,绿色 = 2,红色 = 3,黄色 = 4,蓝色 = 5。需要四个黄球。

第20页

9	8	2	3	1	7	4	5	6
6	5	1	2	9	4	7	3	8
7	4	3	5	6	8	2	1	9
8	6	7	9	2	1	3	4	5
3	2	5	4	8	6	9	7	1
1	9	4	7	3	5	6	8	2
5	1	9	6	4	3	8	2	7
4	7	6	8	5	2	1	9	3
2	3	8	1	7	9	5	6	4

第21页
答案:16。

 2

 3

 4

 5

第22页

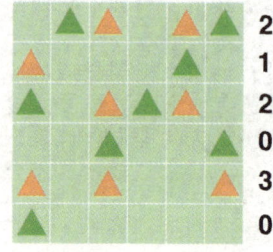

答案

第23页
答案:42。辅音字母记为1,元音字母记为2,然后将两者各自所得的和相乘。6x7=42。

第24页
答案:E。

第25页
答案:68块。
(3x5+4x4+4x3+8x2+9x1=68)

第26页
答案:B和H是完全一样的。

第27页

第28页

● = 下
● = 上
● = 左
● = 右

第29页

第30页

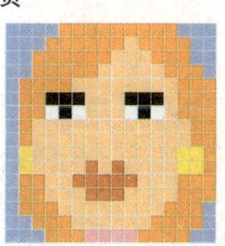

答案

第31页
答案：C不属于大图。

第32页
答案：每组横向和纵向的三个图形中间都包含一个小正方形，颜色分别为黄色、白色和橙色；每组横向和纵向的三个图形内部还包含一个中等大小的正方形，颜色分别为黄色、白色和橙色；缺失的图形应该包括一个黄色的小正方形和一个中等大小的黄色正方形。当然，橙色正方形在背景图片同为橙色的情况下是看不见的。

第33页

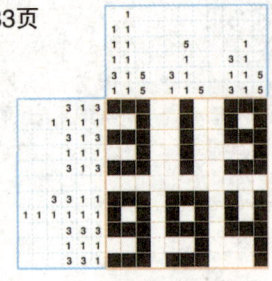

第34页

2	3	1	5	4
5	1	4	3	2
4	5	2	1	3
3	2	5	4	1
1	4	3	2	5

第35页

第36页
答案：蓝色占44%，黄色占56%。图中总共有25个方格，其中11个为蓝色，14个为黄色。将这两个数字分别乘4所得即为相应的百分比。

第37页
答案：星期四。羊在撒谎！

答案

第38页
答案：D6，O10，N3，I1。

第39页

第40页
答案：B。

第41页

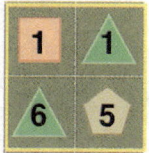

第42页

答案：连接图示红圈中正方形的左侧或底部两点，只会给对手一个方块。

第43页

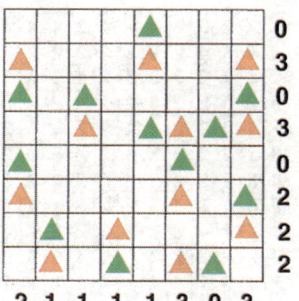

第44页

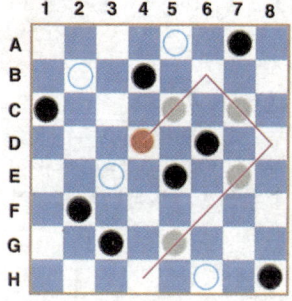

第45页
答案：4。用骰子正面的值减去右侧面的值，然后再乘以顶部的值。

答案

第46页

第47页

答案：A、B和D。

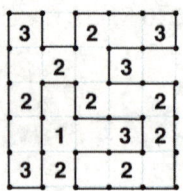

第48页

答案：C。网格图中每行和每列都包含两个绿色正方形和一个字母G，并且数字相加之和为8。

第49页

E	C	A	D	F	B
A	B	C	E	D	F
D	F	E	B	C	A
C	D	F	A	B	E
B	E	D	F	A	C
F	A	B	C	E	D

第50页

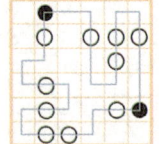

第51页

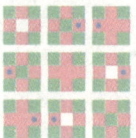

第52页

答案：每组纵向和横向的三个图形中央分别包含一个绿色正方形、一个白色正方形和一个粉色正方形；每组纵向和横向的三个图形中，一个左侧有蓝色圆点，一个右侧有蓝色圆点，还有一个没有圆点。缺失的图形应该是中央为绿色正方形、没有蓝色圆点的图形。

答案

第53页
答案：E。

第54页

4	5	3	6	2	1
6	3	2	1	5	4
1	2	6	3	4	5
2	6	4	5	1	3
5	4	1	2	3	6
3	1	5	4	6	2

第55页
答案：B与其他都不同。

第56页
答案：A。

第57页
答案：25个。

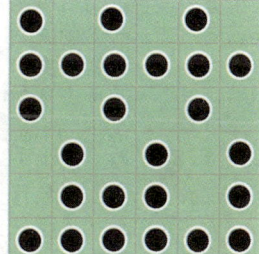

第58页
答案：比赛在当月的24号。

第59页

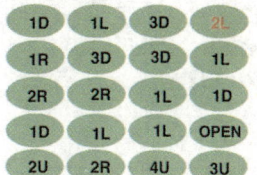

第60页

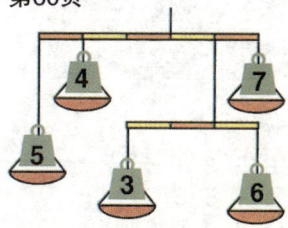

第61页

答案

第62页
答案：92。
将每个城市名字第一个字母在字母表中的位置乘以5，然后减去最后一个字母在字母表中的位置。22x5=110
110−18=92。

第63页

第64页

2	6	5	3	1	4
6	4	1	5	3	2
4	1	2	6	5	3
5	2	6	1	4	3
3	5	2	4	6	1
1	3	4	6	2	5

第65页
答案：20。

 1

 3

 7

12

第66页
答案：卡普路斯基56%，沃卓维兹44%。总人数是25。用4乘以另两个数，即可以得到百分比。

第67页
答案：J和D。

第68页
答案：（总共需要五个紫球。）
红色 = 1，紫色 = 2，绿色 = 3，蓝色 = 4，黄色 = 5。

第69页
答案：每组横向和纵向的三张图片上星星的数量分别为两颗、三颗和四颗；每行都有一个蓝月亮、一个粉月亮和一个白月亮；每行三张图片中，有一张天空的颜色为橙色，另两张天空皆为蓝色；每行有两个月亮朝向左边，一个朝向右边。缺失的图片应该包含四颗星星、蓝色天空、白色月亮并且朝向右边。

  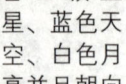

答案

第70页
答案：C和H是完全一样的。

第71页
答案：如果相邻的小三角形中绿色占多数，则该三角形变成绿色；如果相邻的小三角形中紫色占多数，则该三角形变成紫色；如果相邻的三角形中不同颜色数量相等，则该三角形变成粉色；如果现在相邻的三角形中粉色变成占多数的，则该三角形也变为粉色。

第72页
答案：汤姆·克鲁斯（Tom Cruise）。

第73页

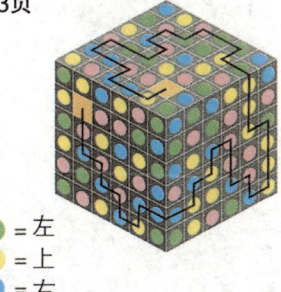

● = 左
● = 上
● = 右
● = 下

第74页

N	O	M	N	M	M	M	O	M	M
E	N	E	M	N	O	E	E	N	N
M	E	N	E	E	N	O	M	E	E
N	M	O	O	O	M	O	E	M	M
O	E	O	E	M	N	E	O	M	N
O	O	E	M	N	E	O	M	M	O
E	M	N	O	E	N	E	E	M	E
O	E	E	N	O	M	O	N	N	E
E	N	M	E	M	E	E	N	M	O
M	N	M	E	M	E	O	M	O	M
E	E	N	M	E	N	M	E	E	N	M	E
O	O	E	M	M	O	N	M	O	N	O

第75页
答案：C不属于大图。

第76页

7	12	11
14	10	6
9	8	13

第77页

答案：每行都有一个靶在金色区域有三个洞，白色区域有两个洞，红色区域有一个洞；每行都有一个靶在白色区域有三个洞，金色区域有两个洞，红色区域有一个洞；每行都有一个靶在红色区域有三个洞，白色区域有两个洞，金色区域有一个洞；缺失的图片应该在红色区域有3个洞，白色区域有两个洞，金色区域有一个洞。

答案

第78页
答案：迈阿密是星期六下午3:15，奥克兰是星期天早上6:15。

第79页
答案：8号星期一。

第80页

3D	2R	3D	1D
3D	1D	2L	3D
2U	1R	OPEN	3L
1R	2U	2U	1U
1R	4U	4U	1U

第81页
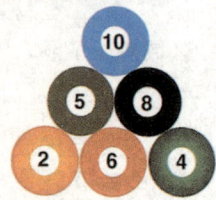

第82页

第83页
答案：连接图示红圈中正方形的左右任意一侧，只会给对手一个方块。

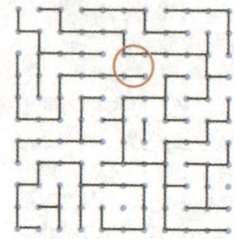

第84页

2	4	5	4	2	7	1
5	X	X	O	X	O	4
4	O	O	X	O	X	3
3	O	X	O	O	X	6
2	O	X	O	O	X	4
5	O	O	O	X	X	5
1	2	4	3	4	6	2

第85页
答案：
1. 没有
2. 1个
3. 3个
4. 蓝色
5. 红色

答案

第86页

4	7	2	1	3	9	5	6	8
3	8	6	4	5	7	2	1	9
5	9	1	2	6	8	7	4	3
1	6	7	9	8	3	4	5	2
2	5	9	6	7	4	3	8	1
8	3	4	5	2	1	6	9	7
9	2	5	3	1	6	8	7	4
6	4	8	7	9	2	1	3	5
7	1	3	8	4	5	9	2	6

第87页

第88页
答案：C。内部与外部图形的形状互换；外部图形的边线颜色与中间图形的颜色互换；外部图形的颜色与其余内部图形的颜色互换。

第89页
答案：蓝色48%，橙色52%。组成图形的25个三角形中，12个是蓝色，13个是橙色。把这两个数字都乘以4，即可得到百分比。

第90页
答案：17个。

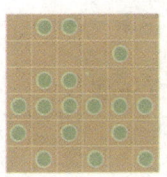

第91页

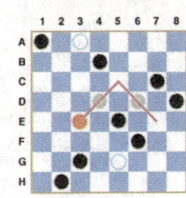

第92页
答案：是粉色的笑脸。两种不同的表情（笑脸和皱眉）后面跟一张粉色的脸；两张同样颜色的脸后面跟一张笑脸。

第93页

F	B	A	E	C	D
D	F	C	A	B	E
C	A	E	D	F	B
B	E	F	C	D	A
A	C	D	B	E	F
E	D	B	F	A	C

答案

第94页
答案：史前巨石阵。

第95页

答案：每组横向和纵向的三张图片上星星的数量分别为一颗、两颗和零；每行有两轮满月，一轮新月；每行三张图片中，最右侧大楼一张有三盏灯，一张有两盏，一张有一盏。最后一张图片应该有两颗星星、一轮新月，而且最右侧大楼有三盏灯。

第96页
答案：D。

第97页

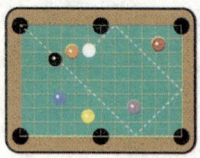

第98页

第99页
答案：B。

第100页
答案：博比。糖罐中总共有290颗糖。

第101页

9	6	2	4	1	8	5	3	7
1	4	5	2	3	7	9	6	8
3	8	7	5	9	6	1	2	4
6	7	1	9	8	2	3	4	5
4	3	8	1	6	5	2	7	9
5	2	9	3	7	4	8	1	6
2	1	4	6	5	9	7	8	3
7	9	3	8	4	1	6	5	2
8	5	6	7	2	3	4	9	1

答案

第102页
答案:22。

 3
 4
 5
 10

第103页
答案:50颗。
22颗红色,11颗黄色,17颗橙色。

第104页
答案:总共需三个红球。
蓝色 = 1,黄色 = 2,红色 = 3,紫色 = 4,绿色 = 5。

第105页
答案:奶油色。

第106页

第107页

第108页

第109页
答案:A和F是完全一样的。

答案

第110页
答案:将上方两个红边角中数字相加,将下方的两个相加,然后将两个和相乘。
3 + 1 = 4,
8 + 2 = 10,
4 × 10 = 40。

第111页
答案:
A)24——将两端的数字相乘。
B)5——将两端的数字相除。

第112页

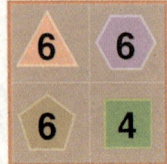

第113页
答案:将齿轮A旋转28圈,这样齿轮B将正好旋转35圈,齿轮C旋转20圈。

第114页
答案:100英镑。

第115页
答案:如果相邻的小方格中(不包括对角线)粉色占多数,则该方格变成蓝色;如果相邻的方格中蓝色占多数,则该方格变成粉色;如果相邻的方格中不同颜色数量相等,则该方格变成黄色;如果现在相邻的方格中黄色变成占多数的,则该方格也变为黄色。

第116页
答案:A和I是完全一样的。

第117页
答案:如果相邻的六角形中绿色占多数,则该六角形变成灰色。如果相邻的六角形中灰色占多数,则该六角形变成绿色的。如果相邻的六角形中不同颜色数量相等,则该六角形变色。

答案

第118页
答案：往上。

第119页
答案：C。

第120页

第121页

第122页

第123页
答案：将指示牌重新竖起来。如果通往艾斯镇的标记指向他们来的方向，那就说明其他的指向都是正确的。

第124页
答案：L1，E2，M16，C13。

第125页

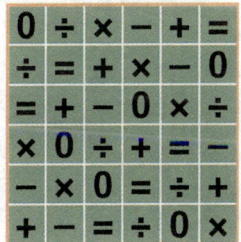

答案

第126页

5	1	6	7	2	3	4	9	8
4	3	9	1	8	6	2	7	5
2	8	7	9	5	4	6	1	3
6	7	3	2	1	9	5	8	4
1	4	5	6	7	8	9	3	2
9	2	8	3	4	5	1	6	7
3	5	1	8	6	2	7	4	9
7	9	2	4	3	1	8	5	6
8	6	4	5	9	7	3	2	1

第127页
答案：49块。
$6×4+3×3+6×2+4×1=49$。

第128页

第129页

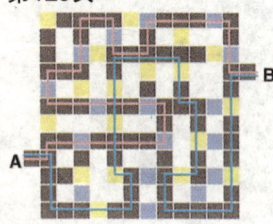

第130页
答案：1。

第131页
答案：D与其他的都不同。

第132页

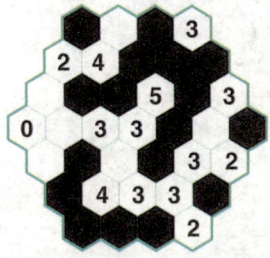

第133页

Q♣	K♥	A♦	J♠
J♦	A♠	K♣	Q♥
K♠	Q♦	J♥	A♣
A♥	J♣	Q♠	K♦

答案

第134页
答案：F。

第135页
答案：
紫色：1
粉色：2
绿色：3
红色：4

第136页
答案：P11，B13，M14，H2。

第137页
答案：3 650平方毫米。
每个小方格大小为20毫米 x 20毫米，即400平方毫米。图形总共占了：四个方格、六个1/2方格大小的长方形、二个占方格1/2的三角形、三个占方格1/4大小的正方形和三个占方格1/8大小的三角形。

第138页

2	5	1	6	4	3
4	6	3	2	1	5
6	3	5	4	2	1
3	4	6	1	5	2
1	2	4	5	3	6
5	1	2	3	6	4

第139页

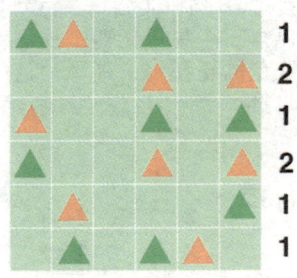

第140页

第141页

答案

第142页
答案：A。方阵中每行、每列都包含三个星星、两个外环为红色的靶和一个外环为蓝色的靶。

第143页

3	2	2	2	3
3	1	1	2	2
3	0	2	2	2
3	2	3	2	3
3	1	2	2	2

第144页

23	18	19
16	20	24
21	22	17

第145页
答案：720。
数字代表了它们所在图形的边数。当图形重叠时，将数字相乘。
3 x 3 x 4 x 4 x 5 = 720

第146页
答案：卡拉奇是星期四凌晨3:25，里约热内卢是星期三晚上7:25。

第147页
答案：A。

第148页
答案：16。
距离等于每个城市名字第一个字母在字母表中的位置乘以其包含元音的数量。H = 8，香港（Hong Kong）包含2个元音，8 x 2 =16。

第149页
答案：每组横向和纵向的三张图片中小熊戴的领巾分别为红色、蓝色和绿色；每行都有一个只有一只耳朵的熊；每行的三个小熊中一个嘴形完整，一个只有左半边嘴，一个只有右半边嘴；每行有两个熊都贴着橡皮膏，一个在左，一个在右。缺失的图片应该是戴红色领巾、有两只耳朵、只有右半边嘴、并在左边贴有橡皮膏的小熊，即第4个。

答案

第150页
答案：H。

第151页

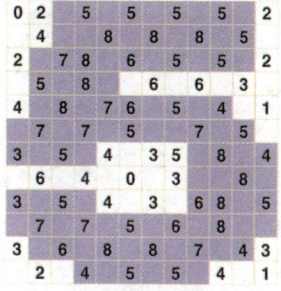

第152页

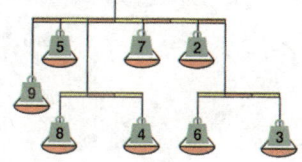

第153页

第154页

4	1	5	8	3	6	7	2	9
9	2	8	1	4	7	3	6	5
3	6	7	2	9	5	1	4	8
2	5	9	3	7	1	4	8	6
8	3	6	4	2	9	5	1	7
1	7	4	6	5	8	2	9	3
5	8	3	9	1	2	6	7	4
6	4	2	7	8	3	9	5	1
7	9	1	5	6	4	8	3	2

第155页

你的游戏笔记